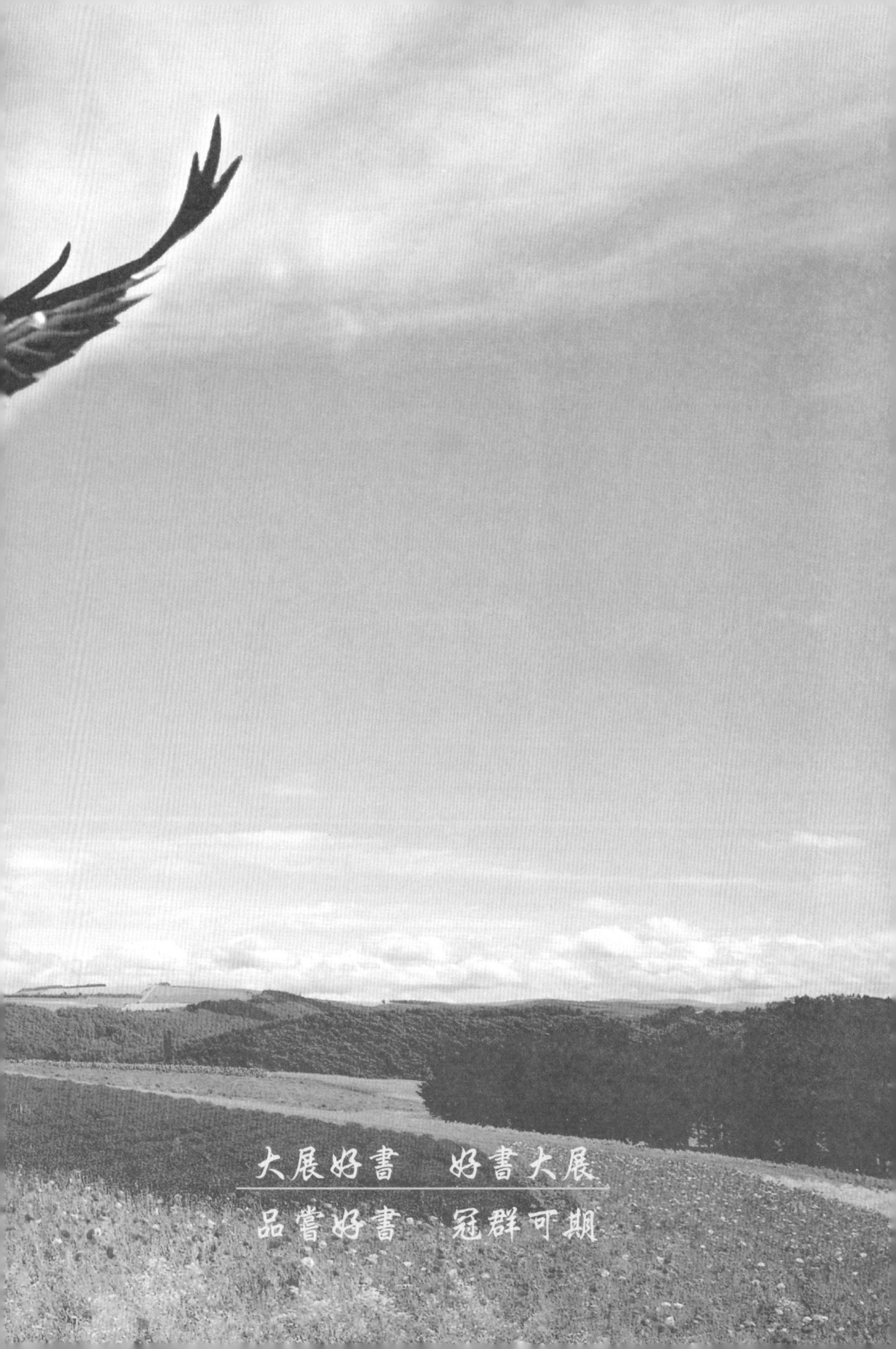
大展好書　好書大展
品嘗好書　冠群可期

大展好書　好書大展
品嘗好書　冠群可期

元氣系列24

酸莖菌驚人療效

上田明彥／著
沈永嘉／譯

大展出版社有限公司

前 言

在被視為已邁入資訊化的現代社會中，任何類別的資訊都呈現出百家爭鳴的盛況，尤其是與健康有關的資訊，更是令人目不暇給。

只要走進書局，就可看到在一排排有關健康資訊的陳列架上，各式各樣相關的書籍琳琅滿目，堆積如山，證明了現代人們對健康的需求甚殷。

確實，現代的人對健康有著高度的關心。除去飲食習慣和生活環境不說，在這個以人際關係為架構的社會中，人們所承受的壓力，及能損及我們身心健康的各種因子到處充斥，只要一有機會，就想侵害我們的健康。

所以，這已不再是個只要按照一般的生活方式，就可維持健康的時代。

有人形容，癌細胞就像是聖誕樹上的裝飾燈一般，正在我們的體內閃爍個不停。可是，人們也並非因此都成為癌症患者，因為在人體內自有一種能將被點亮的癌細胞熄滅的系統，我們稱之為免疫力。只要免疫力能正常運作，縱使病原菌或濾過體病毒侵入體內，甚至出現了癌細胞，它都能有效的遏止，不致使它發病。

然而，現代人的生活方式，已使得人體的免疫能力每況愈下，甚至到了難以維護健康的地步。在這個以癌為首，各種成人病不斷出現的現在，提高人體自身的免疫力，實為當務之急。

干擾素和免疫力有著密切的關係。原來這個以抗癌或治療C型肝炎聞名的干擾素，在我們的體內是可自行生產的，也就是說，我們的細胞可以藉著病原菌和濾過性病毒的刺激，製造出干擾素，發揮保護其它細胞，避免受到病毒侵害的功能。換句話說，干擾素能使體內免疫力活性化。

假如，人體完全不再製造干擾素，那麼，我們的身體將對病菌、濾過性病毒及癌細胞，呈現無防備狀態，死亡便會因此而很快的降臨！這點，可經由以老鼠所做出的實驗結果來證明。

製造干擾素的能力（生產能力），會因個人身體狀況的不同，呈現不同的差異。簡單的說，生產能力愈高者，愈不易生病，然而，就現代人而言，傾向生產能力低者，人數較多。

倘若，干擾素的生產能力低落，免疫力就會因此而衰退，人也就容易罹患各種疾病。而這點，就是促使我們不斷於各方探尋，以求得能提高生產能力物質的原因。當然，在這之前，我們也進行過多次的研究，但是，多半沒有得到決定性的成果。

還好，目前研究人類・干擾素的權威人士——「京都巴斯德研究所」的岸田綱太郎博士，他發現了一種確實能提高體內干擾素之生產能力的物質，那是含於京都醃菜中的酸莖，為乳酸菌的一種，稱為「酸莖菌」（Labre）。

「京都巴斯德研究所」，為日本唯一擁有可測定體內干擾素生產能力的機構，經由岸田博士等人證實，「酸莖菌」在經由口服進入被實驗者的體內後，發現其干擾素的生產能力的確有所增加，在將研究結果公開發表後，各種研究數據被衆多媒體報導出來，引起了很大的迴響。

本書以對岸田博士的採訪內容為中心，一方面明述「酸莖菌」的全貌，另一方面也集結了多位使用過「酸莖菌」者的心聲。從實際體驗過的人身上，所產生的變化，相信會讓被稱做是「一億個半健康者」的現代人，深感興趣。

上田明彦

目錄

序章

酸莖菌上媒體的日子

●報紙、電視爭相報導

一九九三年十月五日，這天，對於京都府的居民來說，應是一個値得特別紀念的日子。

當天，該地的土產醃醬菜「酸莖」正被各家電視台爭相報導著，這項報導並非出現在一般與烹飪有關的節目中，而是在以NHK電視台為首的各電視新聞網中被播送出來，其內容如下：

『京都巴斯德研究所（岸田綱太郎所長），從京都的醃菜——酸莖中發現了一種可提高人體干擾素的物質，它是乳酸菌的一種，稱為「酸莖菌」。由於干擾素原體抑制因子為癌症、C型肝炎的治療藥，因此酸莖菌的出現，深受衆人的期待。』

當然，不僅僅是電視，報紙也為此展開了一場新聞戰，以下列舉幾則相關的報導：

『從京都醃菜中提取出生產促進菌／干擾素成為健康食品』（10／6日東京新聞報）

『干擾素生產能力／在京都醃菜中，有可使增加二倍的乳酸菌』（10／6日經產業新聞報）

体内でのINF生産力増強
経口製剤で1.7倍に
京都パストゥール研と陽進堂 実用化に見通し

京都パストゥール研究所（京都市左京区田中門前町103の5、理事長岸田綱太郎氏、☎0

極めて低いことから、健康食品の「ラブレファイブ」、「インターフェルミン」として陽進堂が十一月二十一日に発売する。

京都パストゥール研究所と陽進堂のグループは、免疫賦活作用が知られている乳酸菌に注目して、京都名産の漬物中からラブレ菌を単離した。健康人を対象にした試験で、投与二週間で十人中七人のINFの生産量が増え、平均一・七倍に、またINFをきっかけに作られる白血球の一種、ナチュラルキラーの活性も向上した。さらに従来のINF誘導剤と異なり副作用もほとんどみられない。

INFはがん治療のほか、九二年にはC型肝炎に適応拡大されたのをきっかけに売り上げは大幅に上昇。また、エイズ患者の体重減少や発熱を改善するという報告もある。しかし価格が高く、軽度のC型肝炎では使用が認められないなどが問題とされていた。

ユニーク乳酸菌を商品化
富山市の陽進堂
京都の研究所と共同開発
がんと闘うIFの産出能力高める
漬物「すぐき」から発見

医薬品メーカーの陽進堂（富山市新庄町、下村健造社長）は十一月下旬から、ウイルス病の予防や治療に効果のあるインターフェロン（IF）を体内でつくる能力を高める乳酸菌を活用した健康食品を販売する。京都パストゥール研究所と共同開発したもので、現在、特許申請している。

インターフェロンは、ウイルスの増殖阻止効果を持っており、抗生剤に次ぐ「人類第五の武器」と呼ばれ、がん治療の救世主として、研究者らの関心を集めている。

今回、体内でインターフェロンをつくる能力を促進する効果があった乳酸菌は「ラブレ菌」で、同研究所の岸田綱太郎所長が京都の漬物「すぐき」から発見した。

岸田所長らは、古来から健康食品として愛用されている乳酸菌の中に、人間の健康を促進する菌があると着目、研究に取り組んだ。

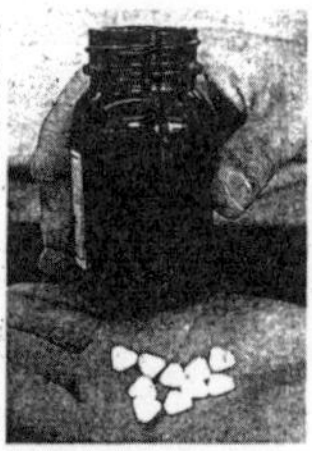

ラブレ菌の錠剤を一日六錠ずつ四週間連続して服用した十人のうち、八、九人のインターフェロンをつくる能力が上昇した、という。副作用については「食品の中に含まれていたものであり心配はない」と、している。

陽進堂では、ラブレ菌を錠剤にしたものを健康食品として、全国有名デパートや配置薬ルートで販売する予定。価格は五百五十粒で一万二千円。同社の関連会社、信和薬品（富山市新庄町）が製造する。半年間で百万本、百二十億円の売上げを見込んでいる。

下村社長は「今後も岸田所長らと研究を続け、将来は、がんの予防、治療薬の開発につなげていきたい」としている。

岸田所長は、この研究成果を十一月六日に京都で開かれる学会で発表する。

陽進堂は医家向けの循環器官用剤、消化性かいよう治療剤などを製造している。五年四月期の年間売上高は四十一億七千万円。

▲体内でインターフェロンを作る能力を高める乳酸菌の錠剤

（左）北日本新聞報1993年10月6日
（右）日刊工業新聞報1993年10月6日

『從京都醃菜中淬取乳酸菌／富山製藥公司製成藥錠』（10／7京都新聞報）
『增加體內干擾素／新的健康食品』（10／6北海時報）
『醃菜中的生產增加菌／京都研究所的發現』（10／6岡山日報）
『提高與癌症格鬥的ＩＦ生產能力／將獨特的乳酸菌商品化／從醃菜「酸莖」中發現』（10／6北日本新聞報）

關於干擾素，將留於後章再詳細說明。由於此干擾素具有阻止濾過性病毒增殖的效果，因此被用於癌症的治療上，受到眾多研究者的重視。人類•干擾素的研究權威——岸田博士，由於他發現了一種能提高體內生產此種抑制因子能力的乳酸菌，而使得「酸莖菌」在全國聲名大噪。

酸莖是京都特產的醬菜，也許讀者不是很了解，在此先做若干說明。

酸莖是一種狀似蕪菜的蔬菜，收成期約在十一月左右。通常在收成之後，便會將它用鹽醃漬起來，而後放入房中發酵，成為一種酸味很重的醃菜。岸田回想著當初為何會想到從酸莖中提取酸莖菌的過程。

「我在很久以前就開始注意乳酸菌了，有人曾對以長壽著名的高加索一帶的居民進行研究，發現他們都是喝發酵過的乳製品，而這也就是他們長壽的原因。我一直認為，如果能從日本的傳統食品中分離出乳酸菌來，那應該是最適合日本人的才對。後來，為了早日製造出乳酸菌，才注意到京都的醃菜，又因為酸莖最酸，所以便選上它做為提取的對象。」

京都巴斯德研究所，為日本唯一擁有可測定體內干擾素生產能力的研究機構。為了證實酸莖菌的作用，他們將以酸莖菌做成的錠劑，分別提供給十個健康人服用，每人每天六錠，連續服用四週，在這期間，分別計測投藥前、投藥二週後，投藥四週後，其抑制因子的生產能力。

結果發現，在服藥二個星期後，十人中有七人α型干擾素的生產能力提高，在四個星期後又有六人明顯上升。

另外，可用來攻擊癌細胞，屬於白血球的一種細胞，在該實驗中也被檢測出，因干擾素的作用，使它的機能也因而隨之升高了，這個被稱做Natural kill細胞的活化程度，在實驗中發現，服藥二週後十人中有九人，服藥四週後有八人有上升的現象。而在副作用的檢測方面，在為被實驗者做過血液檢查後，證明並無副作用。

岸田表示：「干擾素生產能力低的人，較容易得到癌症或其它感染症；相反的，生產能力高的人，就算是病毒已侵入了體內，也會被此干擾素擊退，而不易發病」。

由於岸田發現酸莖菌的時間並不算長，因此，今後仍要繼續的實驗，以搜集更多的數據研究資料。雖然如此，但是酸莖菌的出現，的確為濾過性病原毒感染症、肝炎或腫瘍的預防和治療，帶來一線曙光。

在高齡化社會不斷推進的現在，對於預防醫學的重視，必然會持續的增加。而對付各種以癌為首的成人病，最好的方法並非在得病後的治療，而是在維持一個不易發病的身體。

根據岸田的說法，因現代的生活環境所致，人體干擾素的生產能力有逐漸偏低的傾向。為了能健康的生活在現代的環境中，酸莖菌的確帶給人們很大的期待，以下將解說其全貌。

第1章

命中註定與巴斯德的際會

——他改變了發現者・岸田綱太郎博士的一生

●與貝克顯微鏡共渡的少年時代

岸田綱太郎，酸莖菌的發現者，目前為財團法人京都巴斯德研究所所長、理事長。他是日本最早成功地製成人類・白血球濾過性病原體抑制因子的人，並在一九八三年十月舉行的『干擾素國際會議（京都）』中擔任主席，他可說是該領域的權威人士。對於研究所的設立，岸田感觸亙多。

路易・巴斯德，他是岸田異於「尋常」所崇拜的對象，為一知名的法國微生物專家，狂犬病疫苗的發現者。設立一個以他的名字而命名的研究機構，是岸田畢生的願望。

岸田，一九二〇年出生於東京，四歲時搬回其先祖所在地——京都。由於他在幼年時身體十分孱弱，以致於小學延後了一年才就讀，岸田曾在一篇『那段與Beck顯微鏡共渡的時光』為題的文章中，有以下的敍述：

『母親（父親經常不在）和祖父母都認為，我的「用功」與否並不重要，如何使我能活得更久這才是重點，而我也常在上學的路上，才走到看到小學前的坡路，就忽然的微微發起燒來，全身無力，因此經常請假。』」

雖然得過在死亡線上徘徊的重病，但是他們一家所住的古剎及圍繞四周的自然山野，多少安慰了岸田這位孤獨少年的心。看著翠綠山林的顏色變化，他知道了四季的移轉，在大自然懷抱中，他親近了各式各樣不同季節的花草，這種田園生活，對於生活在都市的現代人，是可遇而不可求的。

岸田對於大自然一向有著濃厚的興趣，但是，為他開展另一片新視野的，卻是中學時就讀的同志社中學中理科學館。在理科學館中，那個與標本並排放置的英製貝克顯微鏡深深吸引了岸田的心，而鏡頭下所擴展出的小宇宙，更是讓岸田悠遊其中。

「那時在教室和理科學館之間，有一個小植物園，我從那裡杓了一些池水，用顯微鏡每天觀察。在鏡頭下的世界裡，看著那些小生物們正不為人知的生存著，看到它們的存在，讓我心有所感，因為在自認身、心都不如人的當時，我心想，我也要和它們一樣，同樣在不為人知的情況中活下去。」

岸田這樣的追憶，傳遞出那段與貝克顯微鏡共渡時所體認出的感受，在少年的胸中不斷

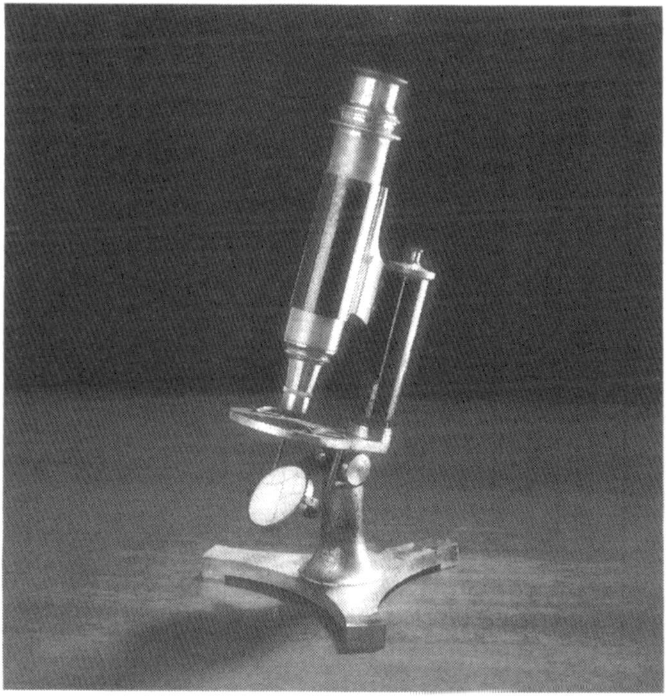

岸田博士在15歲時所使用的貝克顯微鏡

的膨脹、鼓動。我們不難體會出，當他頭一次勾勒未來時，那種與大自然學習和與大自然共存的心情。

●失去祖父時的強烈悲哀

當翠綠的山色由鮮明的青轉為暗淡的灰時，那是一九三五年的晚秋時期。

對岸田如父親般的祖父因肺炎病倒了，看著祖父每天因出現多次呼吸困難而不斷起伏的胸部，及從細瘦的喉嚨深處透出的「咻！咻！」氣喘聲，岸田心痛不已。

肺炎，對當時的日本醫學而言，仍屬不治之症。雖然在歐洲，早已將肺炎特效藥磺胺製劑開發出來。但是，在當時的日本，仍無任何管道可尋。

「當然，那時候我連什麼是磺胺製劑都不知道，但是，假如當時真的拿到了這個藥，祖父的病就能治好嗎？我那時雖然還是個小孩子，可是面對至親的死亡，心中對於醫學的無能為力，有著非常大的衝擊」。

就是這樣的感受，使得岸田在日後決定了將來要走的道路。當然，那時坐在枕邊，看著即將去世的爺爺，少年的心中，有的只不過是輪廓未定的感情而已。

岸田的祖父在生病時，曾對岸田留下有如遺言一般的話，那是他在去世前二天的事。

「可能是爺爺知道死期將至，所以他不顧在劇烈喘息中的痛苦對我說：『人生在世，一定要做得正直，絕不要說謊。』爺爺說這些話時那種熱切的期盼，至今依然鮮明的留在我的記憶中。」

在爺爺去世後，岸田始終謹記著爺爺的話，並將其貫徹在他的生涯中。回顧以往，岸田心中仍有著失去祖父時的強烈悲哀。想到被肺炎菌奪去生命的爺爺，岸田決心一輩子都要與微生物對抗。而後又有一件事，更加深了他的決定……。

●電影『科學家之路』所給的感動

人有時候，常常會發現自己身處在命運的契機中。

忍住了失去祖父的悲哀，岸田繼續過著屬於他的青春時光。在當時最具代表的娛樂活動就是看電影了。這點和娛樂項目多得不可勝數的現代相比，實在有著天壤之別。然而，對於受到祖父影響，決心要當個虔誠基督徒的岸田來說，連走一趟電影院，都會讓他有很深的罪惡感。

有一天，岸田還是來到了電影院，在電影播放時，他將自己埋在硬硬的座位中。放映的片子，是由日本文部省推薦的『科學家之路』，這點或多或少可以減輕岸田心中那種見不得人的罪惡感。

電影敍述的是一位法國科學家，全面與病原菌、醫學界及社會搏鬥的故事，岸田目不轉睛的看著，全身起了雞皮疙瘩，他的心情從來沒有這樣熱烈過，當電影結束，場內燈光變亮時，岸田仍感動不已，久久無法平復。

「我這輩子從來沒有那樣的驚訝、激動過，那是一種心靈的衝擊」。

岸田至今再回想起『科學家之路』時，仍然有著當時那種高昂的興奮心情。電影中的科學家是路易•巴斯德，在這之前，岸田從來沒有聽說過他的名字。

「當時的我好像被迷了心竅一般，瘋狂的崇拜著巴斯德，開始到處尋找與他有關的書或資料……」。

年過七十歲，依然精神飽滿的岸田，還透露出一段「真心話」。

「其實，當時扮演巴斯德女兒的演員，是一位叫安妮達•路易絲的電影明星，我對她可以說是一見鍾情，這位明星清麗、特異，她雖然是好萊塢的知名女星，但是個性與衆不同，她討厭當時流行的爵士樂，喜歡研究沙翁文學，在當時的美國被視為是異端，我會對那部電影有如此強烈的印象，她的影響不少」。

附帶提一點，岸田後來到美國時，還曾前去安妮達•路易絲的墓地參觀、致敬。

雖然時過境遷，但是岸田崇拜巴斯德的心情卻從未冷卻，反而更加熱烈，岸田終於認清了自己該走的方向。

「即使是巴斯德的千分之一也好，萬分之一也罷，我都要將這輩子投注在微生物和對人類有利的研究上」。

曾幾何時，他腦海中浮現出的巴斯德專注探看顯微鏡的姿態，此刻正重疊在岸田的身上。

路易・巴斯德的畫像

●到巴斯德的祖國留學

同志社中學畢業後，繼續在同志社大學修心理學的岸田，後來改入京都帝國大學理學部動物系，也改修為京都府立醫科大學，並於該校畢業。

就這樣岸田便長期的走向學術的道路，而這可能跟他年少時的體弱多病有關。岸田如此說者。

「由於我的體弱多病，醫生建議不要去考大學，以免因為用功而傷身，我也認為，自己可能活不到上大學的年紀。當時有一個想法，就是要趁著有生之年，過著閒雲野鶴般悠閒的生活，還有，如果別人要花五年完成的事，自己寧可花上十年也要把它完成。」

中學時代的岸田，最大的心願，就是將來要就讀同志社的創辦人——新島襄的母校，美國麻州的阿莫斯特大學。而後，便將這個不明所以的夢想，改為加州的史坦福大學醫學系。

然而，由於美日兩國開戰，岸田的夢想便因此而破碎了。但是，也正因為這樣，岸田反而比預期中，更早踏上「巴斯德之路」。

在府立醫科大學畢業後，岸田進入了細菌學的研究室，從事有關細菌學、免疫學、原生動物學及癌症化學療法的研究。在當時，東大的傳染病研究所所長長谷川秀治，有意推薦岸田當技術留學生到法國去留學。岸田當然樂觀其成。

由於留學考試必須經過法籍主考官的口試，如果沒有通過這關，就無法到巴斯德的祖國留學。

當時岸田的法語程度，老實說，並不流利，於是岸田想出了一個方法。

「因為不管他們問些什麼，我都聽不太懂，所以我就在事前先編好法語的講稿，然後將它背起來，背得十分流暢一字不漏。而對方的問題，總是離不開像是『請說出現在的工作、研究的事項』，或是『到了法國想做些什麼』等等諸如此類的，所以等他一問問題時，我就將稿子全部背出來，反正法國人喜歡聊天，不管怎樣，口若懸河，滔滔不絕的說，總有過關的希望。」

他的戰略果然奏效。不用說，岸田心中當然充滿了能當巴斯德研究所研究員的喜悅。然而，當岸田實際赴法後，去的卻是位於巴黎南方的「Guistaru Russi癌症研究所」。其原因如下：

原來在留學決定之後，岸田曾寫信給巴斯德研究所所長Gack Treffle，告知其想從事研究癌症化學療法的心願；可是，在巴斯德研究所的回函中，卻表示，岸田想從事的研究工作，該研究所尚未進入狀況。而後便將岸田介紹給Guistru Russi癌症研究所。

後來，岸田就在當時任職預防衛生研究所助理教授的梅澤濱和長谷川的送行下，搭上了法國航空的飛機，飛向法國。而這是一九五九年的事情。

●歸國後，正式著手干擾素的研究工作

岸田在法國Guistru Russi癌症研究所中，研究的主題為巨噬細胞（macrophage）對濾過性病原毒所起的作用，所謂的巨噬細胞，指的就是貪食細胞，也就是會吃掉進入體內的微生物或異物的細胞。

在留學後，岸田心中暗自下了一個決定，他想，不久的將來，他要做有關干擾素的研究工作。

由於在一九五七年時，英國的Arick Aysacks和西德的Jean Lindeman曾發表過有關干擾素的論文，因此，岸田當然也知道這種干擾素。只可惜，在留法期間，他並沒有多餘的時間，來對此做正式的研究。

岸田開始著手於干擾素的研究，是在一九六一自法歸國後的事。

而在當時，與Aysacks和Lindeman同一時期研究干擾素的還有一位日本人，他是傳染病研究所的教授長野泰一。

在以兔子為研究對象，做過無數次病原毒的實驗中，長野發現了可抑制病原毒的物質，他取名為抑制因子，並且於一九五四年在法國和日本發表其實驗結果，可是，並沒有獲得很大的迴響。

長野在知道自己發現的病原毒抑制因子，就是Aysacks和Lindeman所說的干擾素時，是在看了他們於一九五七年發表的論文後才知曉。

透過Aysacks和Lindeman的論文發表，再聚集研究者所提供的消息，原來干擾素，早在他們二人之前，就已被長野發現。

岸田對於長野的研究及干擾素都有印象，可是知道原來他和美國及西德的二位研究者，研究出的是同一物質時，是在回國後看到科學雜誌所刊載的Aysacks的論文時。

岸田主動的和長野聯絡，並且告知他想研究干擾素的意願。長野慨然允諾，並且還將自己研究室裡所製造出的干擾素，提供給岸田在京都府立醫大微生物學的教室使用。這是岸田第一次見到將來會和他有著密不可分之關係的干擾素。

干擾素的功能，讓反覆不斷進行實驗的岸田瞠目而視，因為它在抑制微生物增殖的作用上，效果遠遠超乎他的想像。

雖然岸田在留學Guistru Russi癌症研究所時，曾多次見到巨噬細胞抑制病原毒的作用，也拍下了不少的照片，但是拿它和干擾素相比，根本就是小巫見大巫，差距太大了。

雖然根據Aysacks的說法，認為干擾素對癌細胞並無任何作用，但是岸田從實驗當中得到的結果來看，他對Aysacks的學說抱持懷疑的態度。

——干擾素既然能抑制病原毒的增殖，那麼，對於由病原毒引起的癌症也應該有效才對。

與其說這是預感，不如說這是接近確信。

下面將說明從前對於病原菌的認識：

由濾過性病原毒引起的病症和細菌感染所引起的病症是完全不同的。細菌在進入人體後，一面吸取營養，一面進行分裂、增殖。也就是說細菌全都是在細胞外圍活動。因此，藥物就可直接或間接的向細菌作用，而將之消滅。

然而，濾過性病原毒就並非如此，它可直接的進入細胞內，並且在此增殖。因為藥物無法進入細胞內，所以，對於病毒的消滅可說是完全無能為力。因此，對從前的醫界而言，由濾過性病毒所引起的病，用藥物是無法治好的。

但是，假如在細胞內眞能製造出干擾素的話，那麼，情況將可完全改觀。因為進入細胞內的病原毒，將會被等在那裡的干擾素所獵食，而很快的被消滅殆盡。

岸田在反覆進行實驗之後，證實這個想法是成立的。

●日本第一個人類．白血球干擾素的完成

當然，不僅僅是日本，各國都在進行干擾素對濾過體病毒的治療研究。

當時，岸田的研究主題已經轉移為，從兔子的干擾素看對其癌細胞將起何種作用的題日上。岸田之所以用兔子做為實驗對象，主要理由在於，經從前的研究認定，干擾素具有強烈的「種特異性」所致。「種特異性」是指從兔子中做出的干擾素，只會對兔子起作用而已，即只對同種物質起作用的性質。

就干擾素的情況來看，雖非全然對不同種的物質就無效，但是，若為同種物質，其所產生的效果會更大，而這就是有強烈「種特異性」的緣故所致。

當然，這些研究的最終目的，就是希望能將干擾素這種濾過性病原體抑制因子，用在人的濾過性病毒的治療上。既然如此，就必須從人類的細胞中製造出這種抑制因子來。所以，岸田就開始有了製造人類•干擾素的構想。

要製造出人類•干擾素，當然必須要從人類的細胞中製造。在當時，所使用的材料主要就是人的白血球。可是，用白血球製造出的「生產效率」實在是不高，為了要做出微量的抑制因子，往往需要數量十分龐大的白血球才行，因此，根本就無法達到可進行臨床研究的階段。

——要製造出濾過性病原體抑制因子、要大量的製造出來……。

岸田的腦袋裡，整個都被這件事所填滿，此時的當務之急，就是要獲得大量的白血球。而最有可能的途徑，便是從捐血的血液中將白血球分離出來，但是，岸田根本沒有任何管道可以尋求。

因為材料的無法獲得，研究的工作進度也就遲遲無法進展，如果說岸田心中沒有一絲焦急，那是不可能的。

就在這種停滯不前的情況下，岸田意外的找到了援手，那是大阪的綠十字會。不過，由於干擾素尚未廣為人知，因此，對於綠十字會是否會提供白血球，岸田並沒有太大的把握。沒想到，事情進行的非常順利。綠十字會在聽了岸田的說明後，當場就答應了白血球的提供，還派遣了一名研究員，共同研究。

就這樣，岸田和他的研究小組對干擾素的研究工作，才又踏出了一步。

以下將說明岸田所做的干擾素的生產方法。

將綠十字會提供的白血球放入燒杯中，同時加上仙台•病原毒，目的是藉著病原毒對白血球的刺激，以促進干擾素這種濾過性病原毒抑制因子的生產。

而後，將含病原毒的白血球，保持在三十七度左右，以攪拌器攪拌二十四小時。接下來，以離心分離機去除雜質，再將攪拌後的溶液濃縮之後，裝入膠囊中，並將其泡於生理食鹽水，利用浸透壓來精製因子。

由於製成程序相當於人工作業，而溶液中所含的干擾素數量又微乎其微，因此，這真是一場需要熱情和耐性才能打贏的戰爭。

在儲存了一定程度的數量後，便進入了毒性檢查的階段。關於毒性檢查，岸田心中早已有了構想，那就是參考巴斯德的研究方法。

巴斯德的傳染病研究工作，是從蠶的濾過體病原毒的研究開始。蠶對於細菌或病毒的抵抗力非常的低，因此，只要其中一隻被感染，其它的也都很快的就會死亡。所以，如何保護蠶的不被感染，是養蠶業者致力不懈的工作。

巴斯德就是在業者的請託之下，才開始研究的。

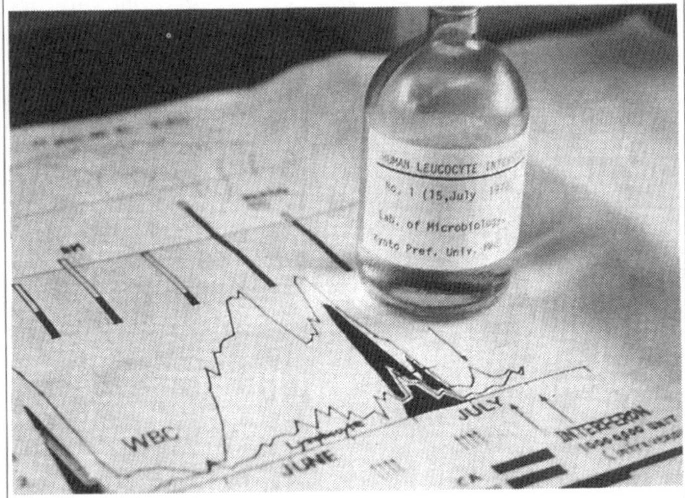

由岸田博士所製成的，日本頭一次的人類・白血球干擾素

岸田當然也知道這段原由。因此，他在心中早就有了自己研究的決心，他想，有朝一日也要用蠶來研究。由此不難看出這「巴斯德弟子」岸田，將來的命運。

岸田他們開始向蠶注射干擾素，即濾過性病原體抑制因子。萬一，他們所做出的抑制因子是有毒性的，那麼蠶便會因此死亡。在注射過一個禮拜之後，蠶全都羽化成蛾了。

後來，他們再改用以小白鼠進行動物實驗。結果，依然顯示出沒有毒性，這樣的成果，對岸田來說還是不夠的，因為還有「人體實驗」尚未進行。

既然還不能確定對人體的安全與否，那麼根本就談不上所謂的人類•干擾素。岸田毫不考慮的決定以自己做為實驗對象，而包括岸田在內的四名研究員，也都一起接受了人類•干擾素的肌肉注射。雖然或多或少會有發燒、紅腫的情形，但是結果總算是ＯＫ。

在人體實驗成功的鼓勵之下，岸田繼續的製造，終於達到了可用來做臨床實驗的數量，雖然它僅有五十cc。不過，這也算是日本頭一個完成的人類•干擾素。這是一九七二年的事。

「發明成功的治療法，要能做到每個人隨時隨地都能獲得，否則就是毫無意義。看著因得不到磺胺劑，而撒手人寰的祖父，我的心中有無限的感慨。」

岸田的這種心情，始終在他的心中激盪，促使著他早日著手於干擾素這種濾過性病原體抑制因子的「大量生產」，繼而有「酸莖菌」的發現。

第2章

「人類第五個奇蹟」何謂干擾素

——夢幻般的抗癌劑引人注目

●何謂干擾素

從人的生命觀點來看，至目前為止，人類的歷史簡直就是一場與感染症搏鬥的抗爭史。在搏鬥的過程中，我們曾獲得了對抗感染症的四種防禦方法及攻擊手段。

第一種為預防接種：這是一種將稀釋過的病原毒，在毒性減弱後，經由注射進入人體，使身體形成抗體的方法。最早使用這種方法的是，以接種牛痘聞名的——金鈉。金鈉將牛痘（牛的天花）接種於人體中，成功的預防了天花的蔓延。

第二種為血清療法：這是靠其它動物的免疫形成抗體的方法，是從白喉血清療法的發明開始。

第三種為使用人工合成化合物的化學療法：如磺胺劑等就是這類的治療方法。

接下來，第四種為從自然界的菌類中製造出的抗生物質：其中，以弗萊明發現的盤尼西林最具代表性。

人類就是靠這四種武器，和各種的傳染病或感染症搏鬥至今。當然，仍然有許多未能克服的病症。在這之中，尤以濾過性病毒所感染的疾病最為棘手，一般的常識告訴我們，這類的疾病只能預防，至於治療方面則付之闕如。

然而，干擾素的發現，將因濾過性病原毒所感染的病症，也納入了人類打擊疾病的射程距離中，這就是為什麼稱干擾素為「第五奇蹟」的原因。

現在要問的是，究竟什麼是干擾素呢？

岸田有這樣的說明：

「濾過性病毒就像是一種遺傳子，病毒一旦進入細胞後，便會引發病症。然而病毒所帶來的遺傳子之中，也有不會引起病症的。我們認為，干擾素可分辨出有害的遺傳子、異種的遺傳子，而有將它排除、殲滅的功能。」

干擾素可在我們的體內造成，而其功能如下：

細胞在受到病毒入侵之後的刺激，干擾素會立刻向其它細胞起作用，改變細胞的狀態以抑制病毒的增殖。這裡所說的重點是在於，干擾素並非直接向病毒起作用，而是向其它細胞或組織發揮功能，這就是干擾素不同於那些直接向病原體或毒素作用的血清、化學藥劑及抗生物質的最大特徵。

這種特徵具體的表現在以下的現象中。

抗（病毒或毒素）血清之所以有效，主要為它是分別針對單一對象所致。以白喉的血清來說，它就只對白喉這種疾病發揮效果，對其它的病症，則毫無任何效果。這種現象，就好比鑰匙和鑰匙孔的關係一般。一隻鑰匙（血清）相對應一個鎖孔（疾病），二者配合，恰到好處。

但對干擾素而言，它就可稱得上是總開關了。一個干擾素，對病毒所引起的任何疾病都能發揮預防和治療的效果。

干擾素和抗血清的另一個差別在於干擾素的製造素材有限。就抗血清來說，即使是從人類之外的動物身上製成，對人體依然有效。實際上，白喉的血清就是從馬的身上取得的，但對人體還是有效。

但是，干擾素就無法如此，凡是對人體有效的干擾素，就只限於從人的細胞中製成，唯一的例外就是猴子的干擾素，它對人體也有效用，反過來說，人的干擾素對猴子同樣也有作用。

正因為干擾素的特殊性，使得大量生產的目標，不易達成。

●經各國臨床實驗，確認有效的治療效果

關於干擾素，到底在體內可造成何種效果，詳情將於後章與免疫的關係中再做說明。

到此，各位應該知道干擾素是在體內形成的天然物質，同時，它對濾過性病毒的效用，更使得人們殷切的期盼它能成為「人類的第五種武器」，以對包含癌症在內的病毒和病菌做預防和治療。

接著，我們要追踪干擾素的臨床療效。

岸田和他的研究小組在一九七二年才成功的生產出日本第一次的人類・白血球干擾素，臨床實驗當然更慢了，但在英國，他們早在一九六二年就跨出了臨床實驗的腳步。

他們使用的是猴子的干擾素。他們將取得的抑制因子接種在小孩子的皮膚上，並再接種預防天花用的活血清（種牛痘）。

將活血清注射於小孩的體內，主要是藉著將病毒種於體內使其受到感染，而在局部的皮膚上出現類似天花的疹子。結果，沒想到因為注射了干擾素的緣故，小孩的身上不是只有出現些許的疹子，就是根本就沒有發疹，可見，干擾素有效的遏止了病毒的感染。

另外，雖然未曾公開發表過，但是岸田曾召集過多位有志一同的京都府立醫大的學生，以他們自行做出的人類•白血球干擾素拿來實驗，也獲得了同樣的實驗結果。

雖然這只是為了要確認預防的效果所做的實驗，但在治療方面，也同樣在進行研究。由眼科醫生所組成的小組，在被因接種過病原毒而感染眼病、角膜炎的患者身上，注射猴子的干擾素，結果顯示，此種治療效果非常良好。

當然，這些都是世界上最初的人類實驗。我們都知道在一七〇〇年代末期，金鈉曾在一位感染牛痘的女患者身上，將其腫瘤中的膿，接種在八歲少年的身上，待少年感染的牛痘復原後，再改接種天花患者的膿，如此，靠牛痘的接種造成免疫的過程。可見，英國人求學的魄力，藉著濾過性病原體抑制因子發揮無疑。

其後，各國都陸續進行臨床實驗。一九六六年左右，舊蘇聯、芬蘭、義大利、法國等，在著手於使用白血球大量生產人類・干擾素上都有成果，並於一九六七年在義大利Sinina召開的國際座談會上，公開發表研究結果。

而在一九六六年，為了出席國際癌症學會而前往日本的法國人Shanie，曾在該學會中，發表如何將人類・白血球干擾素，全面使用在人體身上的研究過程。附帶說明，當時擔任翻譯人員的，正是岸田。

其中，被認為治療效果最為顯著的是帶狀疱疹。將干擾素用於此種病原毒疾病上，疼痛很快就可解除，症狀在短時間之內也很快的消失。又在復原之後可能會產生的神經痛和對內臟造成影響等的後遺症，出現的機率極為微小，這點，美國、瑞士、日本等國的結論，大致相同。

提出干擾素對慢性活動型肝炎有效報告的是美國的Green Sberg小組。那是一九七四年的事。然而，岸田也在一九七三年時，做過將干擾素，向病患全身投藥的試驗。

但是，由於干擾素的數量不足，因此在實驗不到一個月的時間就停止了，而實驗也就在得不到正確資料的情形下，草草結束。

●干擾素是癌症的特效藥嗎？

曾有一段時期，干擾素被人大肆宣揚為是癌症的「特效藥」，可是，研究者們對於媒體如此煽動性的報導頗不以為然。同樣的對於另一種「沒落的偶像」的批評，也同樣不認同。一向與干擾素關係密切的岸田如此表示。

「只要有干擾素，人類便可從癌症中解放出來，對於這樣的說法，是完全可訴諸天地，不怕遭天譴的。但是如果全部單靠此干擾素來對抗癌症，而將手術或其它已確立的治療方法完全抹煞，那麼，這簡直就等於全面的否定了醫學。」

雖然，從動物實驗的層級上，干擾素的確可以達到抑制癌症的效果。

岸田也曾使用過老鼠做實際的研究。他將老鼠分為有投藥和完全沒有投藥二組，並同時對二組注射二十Methylcholantren的強力製癌物質。

結果，二組出現了顯著的差異。被投以干擾素的一組在三個月內完全無致癌跡象，而另外一組，則有六十％得了癌症。

可能是因為沒有繼續投以干擾素的緣故，被投藥的一組在後來全都得了癌症。因此，岸田從中得到一個結論，就是，干擾素可以延遲致癌的時間，但是卻無法達到零致癌的目標。

而在一年後，美國也進行了相同的實驗。但是，美國所做的實驗，是注射少量的致癌物質，投以大量的干擾素，而且是持續的長期供給。

其實驗結果發現，使用干擾素的老鼠，果真達到零致癌的成果。也許這個實驗較具說服力，然而，岸田卻毫不在意。

「在經過一年之後，雖然他們所使用的只是有六十%致癌程度的物質，但所用的干擾素卻是我們的好幾十倍，在這段期間所得的數據結果，確實可觀。也許這多少帶給我們挫敗感，但是又有什麼關係呢？只要是能證明干擾素的潛力，我們都非常歡迎……」

在衆多爭奪研究開發人頭銜的免疫研究者中，岸田這種恬淡、不計名利的作風，著實給人良好的印象。

●摸索中的干擾素適當量

接著，我們來看干擾素對人體腫瘍的病歷報告。

就小兒咽頭乳頭腫來說，從以瑞典為首的歐洲各國提出的十個以上的病例治療報告中，出現了一律有效治癒的結果。

據說，從前對於這種病症，除了以外科手術將腫瘍摘除之外，別無他法，甚至有出現過接受二○○次以上的手術卻仍無法治癒的例子。現在，既然干擾素可使患者免受開刀之苦，這真是一大福音。

關於這個病症，岸田有如下的見解：

「此類的腫瘍是良性的，而病因為病原毒作祟，因此干擾素能有如此輝煌的成果，也是意料之中的事。」

被認為是骨癌的骨肉腫，從前多以使用干擾素治療。它的有效性被世界所公認，但是要做到完美的程度，仍有一段距離。

這是因為以干擾素治療，五年內癌細胞沒有轉移的僅四十％，換句話說，其餘的六十％，在五年之中已陸續死亡。

然而，根據從前的治療法僅十八～二十％的治癒率，而以化學療法和免疫療法併用也僅達二十五～三十％來看，干擾素的治療效果仍然令人期待。

除此之外，美國、瑞典、舊南斯拉夫等國，也分別提出了對乳癌、何杰金氏病、非何杰金氏淋巴腫、子宮頸癌、惡性黑色腫的研究報告。

當然，其結果因個案的不同而有不同的成果，但是，可以確定的是，因使用干擾素而使腫瘍縮小，病人壽命得以延長的病例，為數衆多。

至於，從前以干擾素，全面投予病患卻仍然無效的骨髓癌、肝癌、胃癌、腦腫瘍、原發性肺癌等疾病，在改以局部投藥後，出現了情形轉好的病例。

癌的種類相當的多，症狀也有極大的差異，因此，在判斷疾病上，及該如何治療等，都有其困難度。

就使用干擾素的數量來看，大量的使用反而導致症狀惡化的例子，從動物的實驗中已被證實，所以，就現況而言，量的適當與否，還是未知的領域，極待研究者的探索。

「關於癌症究竟在什麼時候該使用多少的干擾素，目前還沒有出現正確的答案。現今，可以說沒有人知道到底該用多少才稱為適當。」

岸田如此的表示。

芬蘭的中央公衆衛生研究所，是知名的研究干擾素的一流機構，他們一向大量的提供臨床試驗用的干擾素給美國使用，據說擔任此機構教授任務的Cantel曾在和岸田見面時說：

「有人在座談會中曾經問你『干擾素到底使用多少才叫做適量？』你回答說『現在的投藥量究竟是太多或太少，我也沒有定論』。我聽了之後，深有同感」。

可見，干擾素，還未對人類褪去那層神秘的面紗。

●日本第一次對癌症患者的投藥

岸田曾有過許多次複雜的回憶。每次當他回想起當時的情景，那位使用干擾素與癌症搏鬥的病患，她那堅毅的容顏便會出現在岸田的腦海中。

岸田和他的研究小組是在一九七二年的初夏，完成了人類・干擾素的製作。接下來的課題，便是如何將它應用在臨床治療上。岸田的腦中有個構想，就是，該不該將它用在那位府立醫大醫院的白血病患者身上呢？雖然數量只不過五十cc而已。

就在這反覆思量的當時，傳染病研究所的長野和岸田取得了連繫。這位一向對臨床實驗不感興趣，並自詡為基礎研究人才的長野，他所連絡的，是件使岸田深感意外的內容。

原來，長野向岸田推薦一位被惡性黑色腫侵犯的年輕男性患者，並且想取得岸田的同意，以干擾素為他治療。事情的經過如下：岸田曾在一九七一年出版了一本叫做「干擾素的生物學」的著作，這原本是專門寫給研究者看的專業書籍，但沒想到，患者的母親也閱讀了此書，並且透過熟人，請求長野向岸田打聽，是否肯為他的兒子治療。

岸田在聽了這個消息後，立刻找來了研究小組和白血病患者的主治醫師，召開會議。由於病人都是癌症末期的患者，因此不管將干擾素用在誰的身上，都是明顯的不足。最後，他們決定，這二位患者都將成為以干擾素治療的對象。

結果，日本頭一次以干擾素治療的二位癌症患者，就這樣出現了。雖然，在以干擾素治療後，曾出現過發燒的副作用，可是，仍能看出白血病細胞和腫瘍的細胞已暫時的減少了。但效果也僅限如此而已，因為在這不久後，癌細胞即再度的增殖，最後，二位患者都相繼的

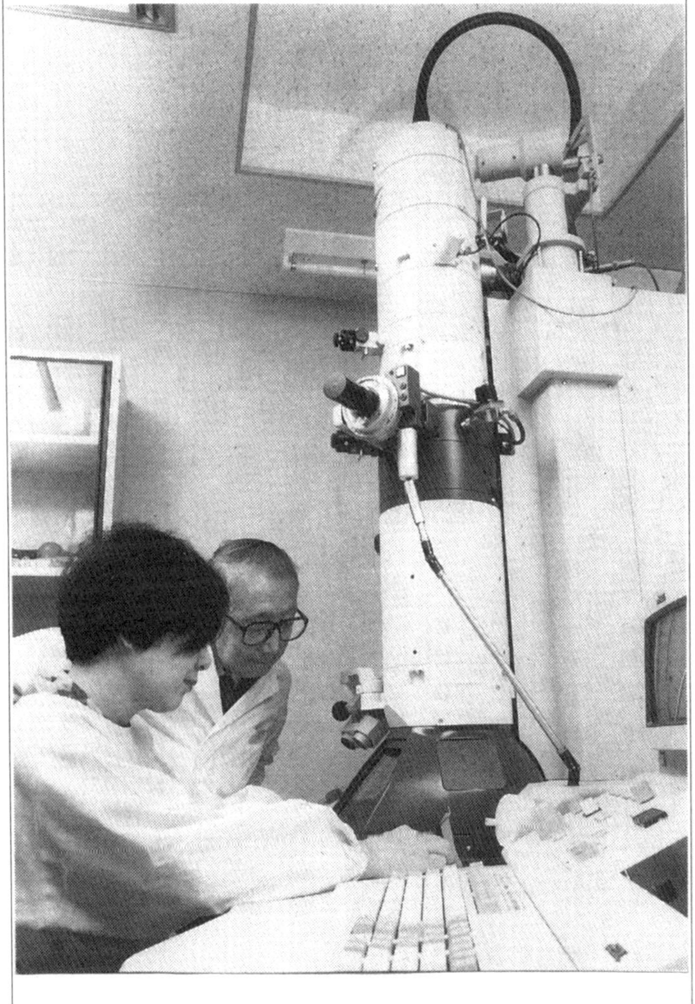

以電子顯微鏡觀察的岸田博士

死亡。

雖然，不斷的接受挑戰和挫敗是身為研究者的天命，但在岸田心中，仍有說不出的遺憾。

「要是干擾素的數量能夠再多一些，也許就有不同的結果了……，這件事情，過去了就不要再提了。就像巴斯德所說，科學就是有時才前進了一步二步，可是有時卻又是倒退了，但我們並不能因此而輕言放棄，應該使它不斷進步才對。」

說完，岸田的目光望向遠方，向不可知的前方凝視著。

●與骨肉腫的大決鬪

岸田對於一位與骨肉腫奮戰不懈的女性，留有極為深刻的印象。

在府立醫大的走廊上，病患的遺體正被推往太平間，推車輪軸發出的陣陣聲響，迴盪在空曠的走廊上，當將遺體抱放在安置點所接觸到冰涼的感覺依舊鮮明，雖已事隔二十多年。

死者就是日本第一次以干擾素與骨肉腫搏鬥的二十八歲年輕女性。

以干擾素治療，是這位女性自己要求的，她還主動的直接打電話跟岸田連絡，並告知其強烈意願。

她受骨肉腫的侵襲是四年前的事了，當時，在開刀後，曾在患者的左大腿骨下方，裝入了人工關節，但是，沒想到，腫瘍已在此時轉移到了肺部。

更令岸田吃驚的是，這位女性患者已經是個孕婦了。她在三重縣的醫院住院時，她的主治醫師便對她提出一個殘酷的問題：

「如果要接受放射線療法或化學療法的話，很遺憾的，那就必須拿掉孩子。但是，如果不做那些治療，孩子也許能夠保得住，只是妳的生命……」

她在聽了醫生的話之後，毫不猶豫的選擇了後者，並且拒絕所有的治療方法。

於是，後來的治療過程就改換為只服藥和做丸山血清療法而已，她這種毅然決然的精神，岸田雖然事後才知曉，但仍深受感動。

她平安的迎接臨盆，且順利的生下一名健康的女娃娃。

在生產後一個月時，她被轉到了府立醫大。當時，她的情況相當不樂觀。

「轉移到肺部相當的多，而且末期的症狀已使得她無法起床了，於是我們決定，不管有多少的干擾素，只要有多少就用多少。」

岸田和向來就一起研究干擾素生產的松尾昭夫、伊東秀源二位主治醫師，開始了充滿挑戰的治療過程。

第一次的使用干擾素，是在一九七四年十一月十一日。果不其然的，患者出現了發燒的副作用，有一度甚至還超過了四十度，但是，狀況很快的就穩定了下來。

當然，第一次的用藥，並沒有多大的效果。在使用抑制因子後究竟會出現什麼變化，它又能發揮多大的效果呢?岸田、伊東和松尾及所有關心的人，都以祈禱的心情等待著它的結果。

十二月八日，進行第二次的用藥，二十九日進行第三次。就在無法確認效果的情況下，新的一年已悄然到來。

在隔年一月後，又開始了干擾素的治療。由於她十分清楚自己的狀況，並且把一切的希望都投注在這未知的治療藥上，在此情形下，伊東、岸田和松尾就更加的努力投入了。而她那全力配合，咬牙吃苦，不怨天尤人的態度，更讓四周的人心中有了「無論如何，都希望能夠治好她」的決心。

一月很快的過去了，這時干擾素的療效已隱然出現，轉移至肺部的腫瘍已有了縮小的趨勢。這才使得岸田心中混沌不清的不安和期待，透出一線的曙光。

癌細胞在不分化的情況下，不斷的繼續增殖。而干擾素也在正常的運作，分化這些未分化的細胞。

由於她在肺部的腫瘍已有分化的傾向，換句話說，腫瘍細胞已經變小，凝集如骨骼一般了，只要變成如此，就可以外科手術的方式摘除了。

可是，五月時，腫瘍又再度的擴大。在不斷增殖的情況下，六月時，肺部的積水持續的增加，很快的壓迫到了心臟。

不等七月的到來，她結束了二十八年的人生。岸田還清楚的記得，在她去世的前一天，強打精神抱著嬰兒嬉戲，及假裝很有食慾的吃著壽司的情景。

以干擾素來治療骨肉腫，在這之前也有過研究報告，特別是瑞典的Strandar，他還有過衆多治癒的病例。關於此點，岸田有了以下的表示：

「由於她的情況為骨肉腫的病巢多形成於腳部，於是先切除該部份後，再確定有無移轉至肺部的情形，然後再以干擾素治療。期間維持一年半左右。大部份的腳部骨肉腫，在六個月至一年時，就可看出是否有移轉至腦部的情形。若有這種情況出現時，就不再以干擾素治療。」

不管如何，這位二十八歲的女性，從被斷定不可能超過了三個月的生命，在只用干擾素治療下，結果卻活了七個月，當然，這個可延長壽命的事實，對岸田來說，一點都沒有滿足、喜悅的心情。岸田說道：

「在她的治療過程中，干擾素的使用方法和數量，到底適不適當呢？我必須要確實的檢討才對」。

●在日本大量生產的強烈意願

自從開始研究干擾素後，岸田心中，經常想著「要大量的生產干擾素」。

如果要對人類有所貢獻，就必須使得世上的人，都能以低廉的價格來利用干擾素。這是岸田不變的堅持，也是促使他不斷的充滿熱情研究的動力。這個心願，在後來的一次與林原生物化學研究所成員的聚會中，急速的具體成型，並趨於實現。

在此，我們先稍微回溯人類・干擾素的生產歷史，當然，這同樣也是一部研究者的奮鬥歷史。

以人類的白血球做為材料，第一次成功的製成人類・干擾素的是，法國國立癌症研究所的Gresser，而包括舊蘇聯、法國、芬蘭等國家也藉助於他的研究成果，不斷的努力生產干擾素。這是一九六三～六四年間的事。

然而根據岸田的說法，Cantel更早開始著手於干擾素的研究，他說：

「當Cantel的伙伴，紅十字血液中心的主任Nevanrinch到日本時，在京都曾和他見面，打聽之下才知Cantel早在一九六一年時，就開始以白血球製成了干擾素，他根本沒有借助於Gresser的研究成果，完全依靠自己的想法完成。」

姑且不論誰才是真正的先驅者，不過實際使用Gresser的方法，親手製成人類・白血球干擾素的，並全面用在白血病患者身上的是，前章所說的Shanie。他在日本演講時，擔任翻譯工作的，即為岸田博士。

當時，在演講的會場中，岸田的心中激起了一股如漩渦般的強烈意願，那就是要在日本生產干擾素。由於製作的材料，即人類的白血球，獲得不易，在不得已的情況下，岸田只得以小牛胸腺上的淋巴球代用，並以Shanie的方法嘗試。

實驗的結果相當成功，為了發表這個實驗結果，岸田參加了一九六八年在芬蘭舉行的第一屆國際濾過體病毒學會。在他的手提包中，放著長野親手寫的三封介紹信，分別寫給義大利的眼科醫生Magrazh、舊蘇聯的Gamare研究所所長Sorobiniff、及Cantel。

●對於人類・干擾素的衆多批判

在國際濾過體病原毒學會結束後，第二天，岸田來到了Cantel的研究室。

在擺放了二台大型的離心機及無數玻璃容器的研究室內，岸田向Cantel說明了如何以小牛的胸腺製造干擾素的過程。

「太令人振奮了！」

Cantel和中途列席的Strandar（後來以干擾素治療骨肉腫，而備受矚目），在聽了之後，都異口同聲的表示了驚嘆之意。

因為，這是他們頭一次聽到只要使用淋巴球，就可製作干擾素的消息。對研究者來說，能夠和新知識有接觸的機會，是最令人興奮的事了。而在這次的會面後，岸田和這二位研究者，建立了深厚的友情。

岸田是在一九七〇年才開始研究以白血球來生產干擾素。如前所述，他在一九七二年，成功的完成了日本第一次的人類．白血球干擾素。

無疑的，岸田的研究工作已有了長足的進步，但是，就當時的社會狀況來說，人們仍以異樣的眼光來看干擾素，尤其是在學會中發表了人類．白血球干擾素研究成果之後。

「怎麼可以在人的身上使用呢！這簡直就是一種危險的犯罪行為！」

抗議及質疑的聲浪，此起彼落。

還好，時代潮流是朝著肯定干擾素的方向邁進的。一九七二年，國家科學技術廳透過厚生省，表達了要在日本推進開發人類・干擾素的意願，而為期三年多達數千萬日幣的研究經費也因此有了著落，岸田內心興奮不已。

但是，一個意外的事件，使得這個計劃半途受挫，即研究者之間的觀念差距太大所致。

除了岸田和他的研究小組之外，其餘的衆多研究者，都將重點放在干擾素的生產機制或對分子生物學的解析作用等的基礎研究工作上，而不屬於分子生物學研究的團體，其仍然停留在干擾素在兎子或老鼠身上的研究而已。對於人類・干擾素，他們仍視其為「危險」的批判對象。雖然科學技術廳再三的表明，希望能夠應用在開發干擾素的研究領域上，但狀況仍無改善的傾向。

後來，厚生省設置了一特別研究班，因來專門研究人類・干擾素的臨床應用，然而，干擾素的生產力，卻仍遠遠的落在各國之後。可見，科學的進步，有時是會停滯不前的。

●世上第一次對肝炎的應用

人類・干擾素，除了可以白血球做為製造的材料外，纖維芽細胞或淋巴芽細胞，也同樣可以做爲製作材料。以纖維芽做為干擾素生產材料的主流是，比利天主教大學Rooven附屬的Lega研究所，以及美國的玫瑰公園Rosewell Park紀念研究所。以此做出的干擾素，用於肝炎的治療上有其成效，而以淋巴球所製成的干擾素，也有過將其應用在局部的惡性黑色腫上，有治療效果的臨床報告。

至於，將干擾素應用在肝炎的治療上，日本是世界上第一個提出數據資料的國家。一九七三年，岸田向二位設籍京都的府立醫大臨床醫生，收集他們對B型肝炎患者投以干擾素後的數據資料。

這個效果，必須從血中DNA的傳統組合酵素的測定，才能斷定得出來。然而，岸田卻苦於找不出計測的方法，以致無法確定。

經過一年後，出現了干擾素對B型肝炎確實有效的報告。可是，提出這個報告的不是岸田，而是美國史坦福大學的研究小組。該大學的Greenberg和Merigen一位，曾對多名的B型肝炎患者投以芬蘭製的干擾素，而且確認了干擾素的確可使血中的DNA酵素逐漸消失。

「我還記得，當時東京都臨床醫學綜合研究所的西岡久壽彌，和真弓忠二人，曾帶著美國的研究報告，跑來找我。他們都是B型肝炎的專家，所以在看了這份研究後，很熱切的表示『真希望能在日本進行同樣的工作』，『假如這種困難的病症能夠得到救治，這真是干擾素所帶來的福音啊』。我想，這些話，可說是臨床醫生心底最赤裸的感想吧！」

岸田這麼回想著。

至於以淋巴芽製成干擾素的，則是英國的一家衛爾康Wellcome製藥廠。他們所使用的方法是，在得到一種叫做非洲Perkit淋巴腫病的小孩身上，從其腫瘍中，採取淋巴芽來進行研究，結果發現，其中一種叫做Namarba的細胞，最適合干擾素的生產。

其後，這Namarba被分送到各國的研究者手中。岸田也接到一份。——他真的很想能以這Namarba將干擾素量產成功。

不用說，岸田對此事是十分投入的。然而問題是，在他們的研究室中，缺少了量產所須的設備和人員。為此，岸田還到製藥公司去多方尋求協助。

「干擾素嗎？我看嘛……」

雖然已經出現了不少有關干擾素的報告，可是，在它效果尚未獲得一般的肯定時，製藥公司對干擾素的反應大致都是模稜兩可的。但是，既然是企業則多以經濟利益為最優先考量，因此，對於他們的這種反應，岸田也不忍過份苛責。

岸田的做事態度，一向是循序漸進按部就班的，但是，對於現在這種情況，他也不免焦急起來。每次和熟人或朋友見面時，總會提到這個話題，那天也不例外……。

「你知不知道有那個地方肯幫忙製造干擾素嗎？這陣子，我雖然多方的打聽，可是都沒有消息……。」

這次聊天的對象是蘆田信先生。蘆田是一位生體活性物質的研究者，從岸田在巴黎留學和他認識以來，雙方都一直保持密切的連繫。當時，他正擔任神戶的日本化學調查公司的董事長。

在聽了岸田的詢問後，蘆田想了一會兒，若有所思的回答了他的問話。

「我知道一家很特別的公司——林原研究所。他雖然不是製藥公司，不過業界對於他們獨創一格的糖類分析和點滴研究，有很好的評價。也許，他們會對干擾素的生產有興趣也說不定。」

蘆田當場允諾將代為介紹林原研究所給岸田認識，二人便互相道別。

不久，林原研究社的社長林原健，帶了五位研究人員到了岸田的研究室，蘆田也一同前往。

令岸田感到驚訝的是，他所帶的研究小組，其年齡涵蓋範圍廣泛，從超過六十歲的老學者，到三十幾歲的年輕研究員都有，他們分別坐在狹小的研究室中，而社長的年齡，也是出乎岸田意料之外的年輕。當時，林原健的年齡僅有三十六歲。

在一陣寒暄之後，岸田開始了干擾素的說明。從「發現者」長野的故事，到發現的過程，「命名者」埃塞克斯、林登夢，及干擾素所能發揮的功能，和對病症有何效果等等。雖然岸田以極為淡然的口氣，鉅細靡遺的介紹著，可是因為他對干擾素的執著和投入，使得聽者仍能感受得到他語調中的熱切，這真是一場以熱情來說服的工作。

岸田在說明結束後，留下了他們獨自離開。因為，他判斷，他們需要一些討論的時間。

一般來說，對於這種交涉，通常是在做完說明後，對方會將資料帶回，在經過數日的討論之後，再告知結果。可是，由於岸田急著要答案，所以，當場就給了他們凝聚共識的時間。

在一段時間後，岸田回到了研究室裡。

「干擾素，它是未來的物質，我相信它對癌症的效果，但是因為目前干擾素的數量實在太少，在臨床實驗都不敷使用的情況下，老實說，它的效果，還未真正被驗證出來……」。

岸田吸了一口氣，以下面的話做為結論：

「說不定在研究十年之後，仍然得不到理想的結果，也是有可能的。」

這顯然是對這次交涉，毫無助益的結論。但是身為一名研究者，他又不能昧著良心，說出違背事實的話。在一陣靜默之後，林原開口說話了。

「我們一向自動自發的研究，即使辛苦十年，也可能得不到理想結果的工作」。

頓時，岸田心中感慨萬千，他忙不迭的問著

「即使是研究十年沒有結果也沒關係？」

「我們不管，我們決定要做。」

在彼此約定之後，緊接著，岸田和林原及研究人員們，便開始了具體的接洽工作，也展現了當時所建立的一條心的共識。

●大量生產的構想

林原研究所派了一名研究員谷本忠雄，到岸田的研究室著手從事干擾素的研究。谷本將干擾素的知識及在岸田的研究室中所培養的Namarba細胞，帶回林原研究所，開始準備量產化的開發計畫。

可能這是一項對新領域的挑戰。因此，他們不斷的在嘗試錯誤。

最先想出將干擾素大量生產的方法，簡單說明如下：

將在岸田研究室中培養出的Namarba細胞，放進裝滿培養液的小槽中，以大量培育。只要溫度的調節適當，細胞就會逐漸增加，干擾素也應該就可獲得才對。然而，在經過實際的實驗後發現，細胞並不如想像中的持續增殖，有時還出現死滅的現象。另外有時在小容器中實驗順利，但換成大水槽後，結果卻又不如預期的理想。

從決定量產化開始，其後大約二年的時間，都是在找尋量產的方法。

後來，林原研究所終於開發出與世界上任何一國都不同的、獨特的干擾素製造法。

一種產至東歐、亞洲的大頰鼠（Hamster），牠是類似老鼠的大型動物。由於它的繁殖力強盛，並不遜於老鼠，所以屢次被拿來做動物實驗，而所謂的獨特的量產方法，就是使用這種大頰鼠來完成的。首先在剛出生的大頰鼠身上，注射人的淋巴芽細胞，使它在體內增殖。而淋巴芽就是一種腫瘍細胞。待淋巴芽細胞呈為塊狀的腫瘍時，再從大頰鼠Hamster身上，將其切開，並灑上能促進細胞受刺激的某種濾過性病毒，藉以製造干擾素。

在這之前，以動物的身體來增殖人的細胞的方法，已有過無數次的實驗了。但是以這種方法來生產干擾素，還是第一次的嘗試。

「所謂創造性的研究，未必都是無中生有的。巴斯德不也曾將發酵和病原微生物連結在一起。同樣的道理，完全不同的想法和技術也是可以互相結合的。」

岸口說這話的意思是，拋棄了在水槽中增殖細胞及利用人的白血球來製造干擾素這二種傳統的舊方法，而改以大頰鼠Hamster製造細胞的方法和技術，和干擾素的生產二者互相結合，而這就是岸田所說的創造性的構想，這個方法，也引起了世界上干擾素研究者的注目。

第3章

人類維持健康不可欠缺的「免疫力」

——干擾素的生產能力和病症結構

●維持健康不可欠缺的自我免疫力

我們在前章已經說明過，干擾素和抗生物質及化學藥劑等不同，它不會直接對病菌或毒素起作用。

當病原毒侵入人體時，體內的細胞在受到刺激後，會製造出干擾素來，使其它的細胞產生變化。而在此狀態下起變化的細胞，便會遏止病原毒的增殖。

例如，喉嚨或氣管的粘膜中有纖毛，它會不斷的運作，以防止病原毒或異物的侵入。而干擾素就會向粘膜的細胞起作用，使纖毛的操作正常化、活潑化，以防止病原毒的感染。

另外，干擾素還可強化巨噬細胞或淋巴球，以提高人的防禦機能。也就是說，干擾素的作用就是，使體內與生俱來的各種防禦機能，維持正常的功能。

至於，這些本來就存在於體內，並保護自己不受外敵侵害的組織，我們稱之為「免疫」

以下將說明，什麼叫做「免疫」。

在我們從事生命活動的環境中，充斥了各式各樣的外敵，包括濾過性病毒和細菌、微生物都是。不但如此，體內的細胞也可能隨時有呈現腫瘍、癌症或老化等等，不如理想的狀態。在這種前有狼、後有虎的情況下，生命宛如處在內憂外患之中。

而跟這些外敵奮戰的武器就是免疫，免疫機制可略分為二大類：一類為排斥異物侵入體內的機能，另一類則是將體內出現的異物擊退的機能。

站在最前線，具有防止異物侵入任務的是皮膚。皮膚的構造，由內而外，依序為皮下組織、真皮和表皮。而在表皮上層還有一個由角質形成的角質層，這角質層可形成強而有力的防線，防禦外敵的侵入，但是，能突破這道防線而侵入體內的異物也不少。

對於衝破防線侵入皮膚內部的異物，則由免疫部隊採取攻勢。而這第二波的攻擊，就是靠白血球內的巨噬細胞、淋巴球等等來執行擊退任務。像化膿、膿血等現象，就是白血球將細菌殲滅的證據。

與吸入的空氣直接接觸的肺，有時難免會遭受到空氣中的細菌及病毒的襲擊。這時，就由巨噬細胞來擔負打擊的任務。它們會吞食入侵的細菌和病毒，並予以排除。而被排除的異物，則以痰或是咳嗽等的方式，被排出人體之外。

巨噬細胞名副其實的發揮了它大刀闊斧的魄力，而發現這種細胞的是距今約一〇〇年前的梅契尼柯夫Mechinikofu。他從海盤車的幼蟲裡，發現了一種不斷活動、吞食異物的細胞，他稱之為巨噬細胞Macrophage。而後，又將可擊退異物，特別是擊退就細菌這種小細胞（白血球），取名為小吞噬細胞Microphagocyte。

梅契尼柯夫認為，這些貪食細胞扮演了防禦異物進入體內的重要角色。

●免疫機構的旗手「淋巴球」

簡單的說，免疫就是可以分辨什麼是敵方，什麼是我方的防禦機構，也就是說，它有分辨異物及排除這些細胞或體液的功能，其中，在腸管中的免疫結構，更是極端的重要。

在腸管中的免疫結構，並非只有排除異物的功能而已，它還具有引進身體所必要一切物質的功能，可說是具備了雙重功能的免疫機構。

擔任此免疫機構旗手任務的，是在腸管中進行分化、活性化的T淋巴球，以及製造抗體的B淋巴球。

T淋巴球，可將對身體沒有幫助的異物，發出行使免疫作用的指命，而對身體有益的物質，則發出不行使免疫的指令。

在T淋巴球控制之下的是B淋巴球。一旦接到T淋巴球所下達的排除指令，B淋巴球便會造成抗體，在腸管外發揮防止異物入侵的功能。

另外，T淋巴球還有一個重要的功能，就是，它可對在體內成為異物的細胞，即變異細胞起作用，進行處理阻止增殖的工作。所謂的變異細胞，包括諸如癌細胞、息肉、老化細胞等。

當然，這些腸管的免疫機制，並不只侷限在腸管內起作用，它可跟體內全體黏膜的免疫機制連線，阻止外敵的入侵。

從前，被認為是專司營養成分的貯藏器官，及可分解酒精、尼古丁等物質的肝臟，最近，被發現它和免疫機制有重要的關連。

在肝臟中流有大量的血液，假如異物混入血液時，還是會有活躍的巨噬細胞，將其擊退。

在肝臟中被活性化的巨噬細胞，又稱為庫弗氏細胞或星狀細胞Kupffer's Cells。他們藉助於在肝臟生產的一種蛋白質補體和紅血球，來執行任務。

當異物侵入時，補體會立刻的貼入，標上記號。而紅血球便藉此記號來分辨異物，當它們隨血液到肝臟時，即引出庫弗氏細胞，將它們吞噬掉。

一般認為，肝臟這種處理異物的系統，並不只有對外來異物起作用而已，它同時也對像癌細胞、老化細胞等物質起作用。

另外，肝臟也進行屬於淋巴球的T淋巴球及NK細胞的分化、活性化的作用。

如前所述，T淋巴球僅擔任控制免疫細胞作用的角色而已，但是從最近的研究看來，在肝臟活化的T淋巴球，跟癌細胞和老化細胞的處理，有密切的關係。

而NK細胞則不同於T細胞，它可以不必經由免疫的刺激，照樣的進行異物和癌細胞的處理，在預防疾病上，扮演了重要的角色。

●胸腺是淋巴球的養成學校

在免疫的機制上，胸腺的功能是不可忽略的。胸腺位於胸骨後部的臟器中，能持續的成長到青少年期，但到成年之後就會逐漸變小，到了八十歲左右，則縮小到原來的一半，而這也就是它的特徵。

關於胸腺在體內所扮演的角色，長久以來，都沒有被闡述出來，然而，在後來的研究中發現，它在免疫的機制上，佔有重要的一環。

而此一重要的環節，指的就是使T淋巴球分化、成熟的功能。如前述的說明，T淋巴球分化、成熟的過程是在腸管或肝臟中進行，其實胸腺才是真正的催化者。也就是說，專門分化、成熟T淋巴球的，就是胸腺。

在胸腺成熟後的T淋巴球，將濾過性病毒、細菌等外來異物，做為專門處理的目標。同時，對敵、我的識別，也就是分辨異物的能力，也相當的高，可說是免疫機制中的菁英。

人在成年之後，胸腺就會萎縮，而其功能也就漸漸衰退，而在腸管或肝臟被分化、活性化的T淋巴球，也改扮演為向癌細胞、老化細胞起作用的角色。可見，人的免疫系統會隨著年齡的增長，做適當的變化。

以下，將再簡單的說明有關免疫的細胞群。

在免疫細胞群中，最常出現的就是巨噬細胞，而它也是名副其實的貪食細胞，除了會吃掉異物之外，還具有向T淋巴球告知異物入侵的功能。

而T淋巴球，則是向免疫系統發出指令的塔台。有時會發出讓免疫起作用的指令，有時則會有抑制免疫作用的指令出現。另外，它還有破壞異物細胞及記憶異物的功能。

B淋巴球為製造抗體的淋巴球，而NK細胞則是它的夥伴。

●免疫系統的活性化

在人體中，如前述所說，有精緻的免疫功能，跟病原毒或病原菌作戰，使體內的機能得以保有正常的功能，我們常說的干擾素，就是可使免疫系統活性化的物質。

在體內常有少量的干擾素，讓與免疫系統有關的各種相關細胞，能夠保持在充分發揮功能的狀態。所以，如果干擾素不足，細胞的機能難免會因此降低，而增加了罹患疾病的機會。

不過，這種想法，有點像是雞生蛋或蛋生雞的推論，因為，也有人認為干擾素的生產能力之所以會降低，正是患病所導致的結果。

但是，不管如何，干擾素能和細胞起作用，是維持細胞正常功能的活性化物質，這點倒是無庸置疑的。

至於干擾素，它是從小小的蛋白質中所形成的物質，由一六六個或是更多的胺基酸所構成，並附帶有不特定多數糖質的分支。

人類・干擾素如何在體外製成，在前章已做過說明，而這製造完成的干擾素，只要加上安定度高、有安定作用的人・蛋白素Albumin（血清中的蛋白質），而後放置在攝氏四度的冷藏庫中，即可保存六個月以上。如果是在凍結乾燥的狀態下，還可保存得更久。

目前，干擾素這種物質，它的滴定率（度）成為問題。滴定率（度）是以單位來表示，就現在使用干擾素的國際單位而言，一單位的干擾素約可將我們受到病毒感染或破壞的細胞數量，減少到二分之一左右。而一〇〇萬單位的干擾素，則相當於可抑制三名成年人因病毒感染而患病的數量。

我們也可順帶看看體內干擾素的生產數量。當然，這數量會因濾過性病的不同而異，不過，以急性的全身性濾過體病為例，在發病的同時，1ml的血液中，會出現數千到數萬單位的干擾素。如果是成人的話，全身約可產生數百萬到數千萬單位。

而關於干擾素的種類，就人類・白血球干擾素來說，就有二十四亞種（Lub Type）。稱為α型干擾素，另外因生產方法的不同，還有β型、γ型。

β型干擾素，是由纖維芽細胞和誘發物質所形成。γ型則確定並非如淋巴球一般由病毒誘發而出，而是由三種物質催化而成，第一種是使細胞起絲狀分裂的物質，第二種是扁豆豆皮所含的多糖體，第三種則為蛋白質的催化劑所製成。

因α型、β型、γ型都有先前所說的亞種，所以，全部的種類多得無法掌握。

另外，在以老鼠做實驗的研究過程中，證明了γ型的干擾素其抗癌性比α型強過一〇〇倍～一〇〇〇倍之多。

而這正是因為γ型干擾素，是由白血球中的主要成分淋巴球造成所致。

T淋巴球處於免疫系統的中心位置，這一點已在先前有過說明。但是它的數量，卻微少到僅是α型干擾素的十萬分之一而已。

據說，將其用在人類的身上，其抗癌性不但低，副作用還很強。

製成α型干擾素的先驅，為芬蘭中央公衆衛生研究所的Cantel。Cantel的製造方法是以人類的白血球細胞來製成。他所採用的也是讓大腸菌透過遺傳子操作的方式，不過Cantel的方法又更為準確。他在製造γ型干擾素時，也同樣的使用白血球。

儘管製作的過程有所不同，但是目前不管是α、β或是γ型都已被大量的生產，也使用在臨床的研究上。而它們所造成的結果，讓研究者們有了兩極化的反應，一種是極端的高興，一種則為極端的失望。就對抗癌效果有深切期待的γ型干擾素來說，它的結果顯然是屬於後者。

岸田表示：

「雖然在試管內的實驗結果顯示，它的確比α或β型有超過一〇〇倍以上的效果，但是改用在人體身上後，效果卻不如α或β型。我個人認為，不管在試管內出現過多麼驚人的效果，但是只要不能有效的用在人體上，一切都是枉然……。」

由此可見，這位一意追求對人類有效物質的學者，他的研究心態，實令人感佩。

●對愛滋病患的臨床實驗

本章曾在開頭時提到了免疫，也對它做過簡單的說明，而疾病和免疫機制這二者更有著密切的關係。

例如，以最普遍的感冒來說，它就是因人體免疫力的降低而引起的，而治癒的時間也因此被延長。雖然身處在同一環境中，也同樣的在感冒病毒的威脅下，但是有的人會發病，有的人卻依然無恙，這就是個人免疫力的強、弱差別所致。只要免疫力能發揮正常的機能，我們的身體就可靠它來保護、擊退病毒。

免疫力的降低，就是引發疾病的肇因。對成人病、感染症或癌而言，免疫不全的狀態，就是它們獵食的最好環境。如果有一天，原本在健康的人體中沈睡的癌細胞，忽然醒了過來，並且開始活動，那麼，毫無疑問，這一定是在免疫力下降的情況下形成的。

關於癌細胞，岸田有過如此的描述：

「我認為，癌症出現在一個很少有過感冒的人身上，其機率反而是比較大的。我們的身體，從出生的瞬間便開始老化，而癌細胞也不斷的在某部位發生，也不斷的在某部位消失，它就如同聖誕樹上的裝飾燈一樣，在我們的體內忽明忽滅。但是，有的人得了病，有的人則安然的度過，一生與癌無緣」。

至於體內被點亮的癌細胞，究竟會不會消失，這就得端看免疫系統的威力而定了。目前，全世界的目光都集中在免疫這種名詞上，而這主要是和被喻為是世紀黑死病的愛滋病有關。

ＡＩＤＳ＝後天免疫不全症候群。顧名思義，此病即為人體因感染了ＨＩＶ病原毒，使得控制免疫系統的塔台Ｔ淋巴球被破壞，以致免疫功能無法運作所致。一個對健康的人體絲毫不能造成任何威脅的病毒，卻極有可能成為愛滋患者死亡的原因。

現在，ＡＩＤＳ並沒有確實有效的治療方法，得病就等於是獲得了死亡的宣告。事實上，也有人將干擾素用在ＡＩＤＳ的患者身上。進行這項臨床試驗的，為非洲肯亞的醫學研究所。

該研究所的所長David Kouch，為非洲地域愛滋研究班的成員之一，眼見自己的國家正遭逢愛滋肆虐，發病者有一萬人以上，帶原者更多達一〇〇萬人的情況下，他有了對愛滋患者投以干擾素的構想。

Kouch所採取的策略為，經口投以干擾素（喉錠）的方式。

以這種方法是有緣由的，在愛滋的患者中，同時得到一種叫做卡波西氏病Kaposis disease皮膚癌的人不少，在這之前也使用過干擾素來治療卡波西氏病，只是在經由注射之後，效果並不理想，因此，這就是Kouch為何改以舌下投藥的原因。

岸田早在十幾年前，就曾贈送過人類・干擾素給中非共和國Vandji巴斯德研究所的喬治所長，並且確認它對卡波西氏病的有效性。

而此一事件的另一功臣，為當時擔任廣島大學教授的辻守康（現任杏林大學教授）。他也是京都巴斯德研究所的評議員，與岸田同屬留法學派。

臨床試驗是以男性二十五名、女性十五名做為實驗對象。年齡層從十六～五十八歲都有。

這些成員都是對人類免疫不全病原毒I型（HIV—1）呈現陽性反應，除了二名尚未發病外，其餘皆已患病。他們出現了各種不同的症狀，包括持續的發燒、疲勞、倦怠、口或舌有潰瘍，淋巴節障礙等。

他們以每天一次，每公斤二個單位的干擾素給患者服用，這和注射所用的劑量相比，顯得十分的微量。

二個星期之後，Kouch發出了驚嘆之聲，因為它的效果實在好得令人意外。

原本飽受食慾不振之苦或體重不斷下降的三十二名被實驗者中，竟有三十名食慾開始恢復，體重也逐漸的增加。

不但如此，在二十七名口或舌中有潰瘍者中，有二十六名出現明顯復原的徵兆，而有發燒症狀的也從二十六名減為只剩一名。另外，十二名的淋巴節障礙中，有十一名已有復原的傾向。

這樣的實驗結果，使這些當事者感到納悶。因為效果實在是太出乎意料之外了。

但是，從後來追加的實驗結果中，仍繼續的肯定了干擾素的有效性。在四個星期後的檢查中，體重減輕者只剩一名，而有疲勞感的也從實驗開始的三十名、二週後的十二名，減到現在的二名。

此臨床實驗以六週做為一個階段。在六週之後的檢查中，雖然體重減輕、持續下痢及有淋巴節障礙者分別還有一人，但其餘的被實驗者，都從愛滋的症狀中解放出來。

而在持續進行二個種類的血液檢查中發現，在第一類中有八名，第二類中也有八名分別有由陰性轉陽性或由陽性轉為陰性的現象。

而後，在Kouch後來臨床實驗的結果中，也提出了在同一療程中的一〇一人中，有一〇〇人看得出某種的有效性，及十％的人在血液檢查中被檢測為陰性的報告。

當然，如果單靠這樣的臨床實驗結果，就把干擾素奉為是愛滋特效藥的話，那這結果就如同當初被視為是癌症特效藥的情形一樣，都是言過其實的空論，而研究者們也絕對不會認同的。因為截至目前為止，日本尚未有以干擾素治療愛滋的病例，須等到日後的臨床實驗中，才能證實療效。

所以，從科學的觀點來看，我們只能說干擾素為愛滋的治療上帶來一線希望。

●從靈活的構想產生的安定器學說

我們再將話題轉回到免疫與疾病的關聯上，並且對癌及免疫的關係稍做說明。

癌細胞和其它的細胞比較起來，有其特殊之處。凡是構成人體的各種生物細胞，都可分為二個種類，一種為分化細胞，另一種則是未分化細胞。

分化細胞可形成身體的各種器官，例如，內臟、皮膚、或是血液等等。而未分化細胞則是，雖然在當時尚未起作用，但不久後便會負有製造器官的任務。

舉例來說，假如我們的皮膚有了傷口，這時，實際受損的為分化細胞，而未分化細胞，則會在瞬間發揮功能，不斷反覆的分裂，使其一面增殖一面成熟、分化成為皮膚。換句話說，未分化細胞是會成為分化細胞的，只是時間的早晚而已。

可見，細胞是會不斷分裂、增殖的。然而，也有絕不分化的細胞，那就是癌細胞。

同時，這種特異細胞還會引起細胞增殖時所必須的養分和氧氣，侵害周邊的器官，使其無限制的增殖，不久後，便會將正常的細胞破壞，甚至使其死滅。

然而，對於癌細胞的發生，我們的身體也並非全然無力抵抗。如前所述，我們擁有能發揮攻擊能力的部隊——免疫系統。它包括了巨噬細胞、T淋巴球及NK細胞等實戰部隊。此部隊會開始行動，以熄滅岸田所說的被點亮聖誕樹裝飾燈，只要過程順利成功，那麼，想致癌也難。

為了使這些與免疫有關的細胞，在體內得以發揮正常的功能，干擾素是不可欠缺的要素之一。一般認為干擾素具有使像癌細胞一般未分化的細胞分化作用。

從試管中的實驗裡也證實了，對於像白血球或神經芽細胞這類會在分化中途停止的細胞，只要加上干擾素，就可推進它們的分化作用，前者會分化為貪食細胞，後者則分化為神經細胞。

換句話說，干擾素能把未分化的細胞導向分化的作用，這個結果，使得它能治療癌症的構想，得以成立。

然而，岸田對此卻有不同的想法。

「能將未分化細胞分化的物質，其它還有很多。如果干擾素跟細胞的分化有關，那它應該不是在誘導細胞的分化上，而是在穩定細胞分化的各步驟。所以，我主張『生物安定器學說』」。

安定器代表可使對方有穩定的作用，就像是防止列車脫軌的裝置一般，而所謂的「生物安定器學說」，應該是同樣的道理。

細胞要分化，必須每個步驟都能順利完成才行。可是，一旦細胞受到病毒的入侵，就會遭受到破壞，甚至壞死。

而干擾素在此時就可向那些細胞起作用，保護它們，使其不致於被破壞，而能穩定的完成分化的各個步驟，使細胞恢復原來的性質，保持正常的機能，所以干擾素也能使癌化的細胞，保持正常。

岸田之所以會有主張此學說的構想，據說是在留法時期，跟他所駕駛的雷諾汽車上的避震器有關。

「他們很誇大的將它取名為避震器，我忽然靈機一動，心想，干擾素可能也有類似的意義。所以，便把它當做是像穩定器一般的東西來說明」。

這位一向專心致力於干擾素研究的研究者，居然也擁有如此靈活的構想，現在正努力提出證實此學說方法的岸田，笑著表示：

「很多人對我的主張很有興趣，有的人更是加以引用，但是都還不到因為提倡了生物安定器學說，就頒給我諾貝爾獎的地步呀！」

●從老鼠的實驗得到的驚人結果

無論如何，我們的身體是被幾種的防禦系統所守護的，不單是Mechinikofu所發現的巨噬細胞如此，血中的抗體也不例外。

從前，有以前者的巨噬細胞才是免疫力核心的細胞學說，也有以後者才是免疫抗體的體液學說，二種說法互不相讓各自展開論戰。然而，事實上，在我們的體內，二者不但不以「我才是免疫的主體」自居，反而互相的協助，以完成防禦的任務，而干擾素系統，也是這防禦軍的側翼之一。

干擾素系統、貪食細胞、體液性免疫等聯合體制，以時間的順序來看，其過程如下：假若病原毒入侵體內，數小時後，干擾素系統便會開始起作用。首先製造干擾素的細胞，在得到有病毒侵入的消息刺激後，即形成了干擾素，同時向其它的細胞起作用，以防止病毒的侵害及增殖，雖然產生干擾素的細胞，會因此而死滅，不過，由於它的犧牲，才使得其它細胞得以存活。

而貪食細胞開始發揮功能是在病毒侵入大約半天之後的事。此時，干擾素系統當然仍在繼續奮戰，在聯合了貪食細胞後，雙方攜手共同負起殲滅的任務。由於干擾素在第一波的行動中，軍力已達巔峰，所以其威力漸失，元氣也開始走下坡。

但是，貪食細胞的防禦能力，則還在上升之中。因此，當體液性免疫開始起作用時，干擾素系統幾乎已消失殆盡。自此，便由貪食細胞和體液性免疫做為防禦軍的主力。待貪食細胞的威力逐漸衰退之後，便只剩下體液性免疫孤軍奮戰。

所以，像這樣以干擾素系統做為最前線的防禦機制，一旦干擾素系統無法如期的運作，那麼，身體便會很快的死亡。

法國的Gresser就會以小白鼠進行實驗，來說明這點。他先在事先已有老鼠的干擾素的羊隻身上，注射抗干擾素血清，而後注射在老鼠身上，使它感染病毒。

在老鼠的體內，為了防止病毒的感染而製造干擾素，但製造出的干擾素卻全被抗干擾素的血清中和，也就是說，效力已全被抵消掉，在無法起作用的情形之下，老鼠便很快的死去了。

這些小白鼠只感染了會使普通老鼠發病的一〇〇分之一的病毒而已，卻一〇〇％的急速死亡。

當然，我們不可能在人的身上注射抗干擾素的血清，可是，人也有可能在某種情形下，出現干擾素系統無法起作用的危險情形。

例如，我們所使用的強力治癌劑，就可能會發生阻礙干擾素起作用的情形。

另外，也有研究結果提出，核爆受害者和放射線技師，在數十年之後，得到癌症的機率較大的報告。

這並非只單單說明放射線會直接使遺傳子起變化而已，無法透過干擾素的充分作用，才是使遺傳子起變化的原因。

反過來說，只要干擾素系統能夠正常發揮功能，就有可能使癌不致出現。

而在以老鼠做的實驗中也確認，干擾素可抑制放射線障礙或放射線所引起的癌。

另外，他們還進行了將人的前列腺癌，分別移植在投過抗干擾素血清的老鼠和普通老鼠身上的實驗。

其結果如下：在普通老鼠上移植的前列腺癌，雖然會造成元形腫瘤變大的情形，但老鼠還不至於因癌症而死，甚至還有因為癌細胞的纖維化，而不藥而癒的例子出現。

而在另一方面，被投以抗干擾素血清的老鼠，在癌細胞侵入其它細胞，並破壞組織之後，很快的便逐一死亡。同時，在普通老鼠身上並未發現有癌細胞轉移的情形，但在投以抗干擾素血清的老鼠身上卻有二十～三十％，出現移轉的情形。

普通老鼠，在癌細胞移植後，體內仍可製造出干擾素來。但是在投以抗干擾素血清的老鼠身上，由於本身已呈無干擾素狀態，雖然有癌細胞移植的刺激，但是仍無法使干擾素起作用。

在干擾素無法起作用的情形下，對癌細胞或病毒的防範可說是呈現了無防備狀態。

干擾素對NK（Natural Kill）細胞也有作用。NK細胞存在於血液之中，和淋巴球很相似，但卻和T淋巴球、B淋巴球不同，也不同於巨噬細胞。

當NK細胞一察覺到病毒入侵後，便透過干擾素的作用，很快的開始活動，狙擊癌細胞。但是，如果NK細胞的行動，沒有干擾素的從旁協助，那麼威力將會大打折扣。

可見，干擾素系統和身體的各種防禦結構，都有著非常密切的關連。

●測定干擾素的生產能力

人類的體內可製造出干擾素，然而其生產能力則因各人的健康狀態、生活環境的不同，而有不同程度的差異。

如聖誕樹上的裝飾燈般忽明忽滅的癌細胞，有的人因此而發病，有的人則健康如昔，這種現象就是和干擾素的生產能力有密切的關係。

岸田是最早著手於干擾素的生產能力，以及干擾素官能不全症的研究工作者。

「我們針對衆多的健康被驗者進行調查，觀察他們干擾素的生產能力，究竟是在何種程度，同時在這些受驗者中，有多少人有干擾素不全症，而這種不全症會在將來形成何種疾病？對癌的風險又有多大？」

岸田他們在「京都巴斯德研究所」，從二萬個以上的被驗者中，持續的收集數據資料，而這也是日本唯一能測定干擾素生產能力的機構。

因為研究的對象是人，所以當然不能以動物實驗的方式，使其感染病毒或是以移植癌細胞等方法，來調查有無干擾素不全症。因此，岸田改採以下的方法。

首先從被驗者的身上抽取五～十cc的新鮮血液，而後在裝有血液的試管中加上誘發物，使它製造出干擾素來。在分別製成干擾素的α型、γ型之後，再計測其數值的多寡。

岸田他們總共花了五年的時間，不斷的嘗試錯誤，以求得正確的測定方法。

後來，即是以前述的測定法計測，在收集了衆多的被驗者數據資料後，發現了以下的現象：

只要是沒有干擾素不全的健康者，他們的體內都有約五〇〇〇單位的α型干擾素，而γ型干擾素，則因為測定法的不同而有不同的差異，不過也都保持在五十～一五〇單位的程度

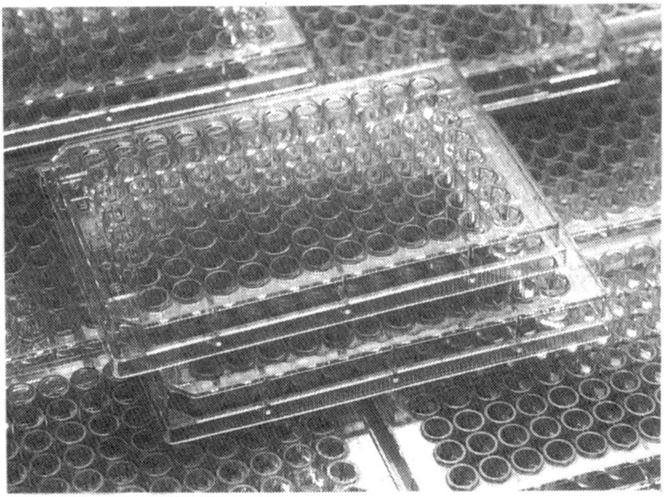

測定干擾素生產能力的細胞培養皿

。這些數值是固定的，並不會因春夏秋冬的季節變化或是月、日的不同而改變。

另外，因年齡而產生的差距也不大，只不過雖然在十幾二十歲層的人身上，尚未出現有數值極為低的人，但是在四十歲以上的人身上，就有α型在一〇〇〇單位以下者。以α的正常值為五〇〇〇單位來看，這不到五分之一的數值，明顯的呈現出干擾素不全的狀態。

有關年齡方面也獲得有趣的資料。八十歲以上高壽者中，α在一〇〇〇以下的人不多，自豪長壽的人，或許與干擾素不全無緣。

岸田他們也做了癌症患者和干擾素不全的關係調查。

結果發現，在被計測的各種癌症病人身上，其干擾素的數值，全都呈現偏低的現象，α值約在一〇〇〇～二〇〇〇之間，而γ則約在十左右。由此可見，受到癌的侵襲者，顯然都有干擾素不全的情形。

可是，這種現象並不能判定究竟癌症是因干擾素不全所引起的，或是因為有了癌才導致干擾素的不全，還是因相乘的效果所導致。

岸田的看法如下：

「在癌症因開刀或是治療成功的病例中，他們干擾素不全的狀態也都獲得了改善。所以從這個觀點來看，我想會有癌症的人，應該不是體內干擾素數值本來就低的人，而是因為某種原因得了因子不全症，而使癌有機可趁的可能性更大。」

干擾素不全也同樣出現在癌症以外的病人身上，詳請如座標圖所示（請參看下頁），其特徵則因疾病的不同，而有不同的情形。

「根據我們的調查顯示，慢性肝炎的患者其 α 值較低，肝硬化者，γ 值則稍嫌不足。而肝癌的患者，無論是 α、γ 都明顯偏低。另外，糖尿病患者，只降低 α 值，γ 則正常。至於慢性腎官能不全症者，則是 γ 值極為偏低，α 值稍降的情形。」

岸田對於調查結果，做了以上的表示。

既然干擾素是為了保護我們的身體細胞或組織，使器官機能正常而起作用，那麼，會出現如此的調查結果，也是極為自然的事。

岸田他們還發表了一個更使人感到興趣的調查結果。

他們以一群有高癌症風險者，約三〇〇人做為研究對象，連續計測其體內干擾素的數值

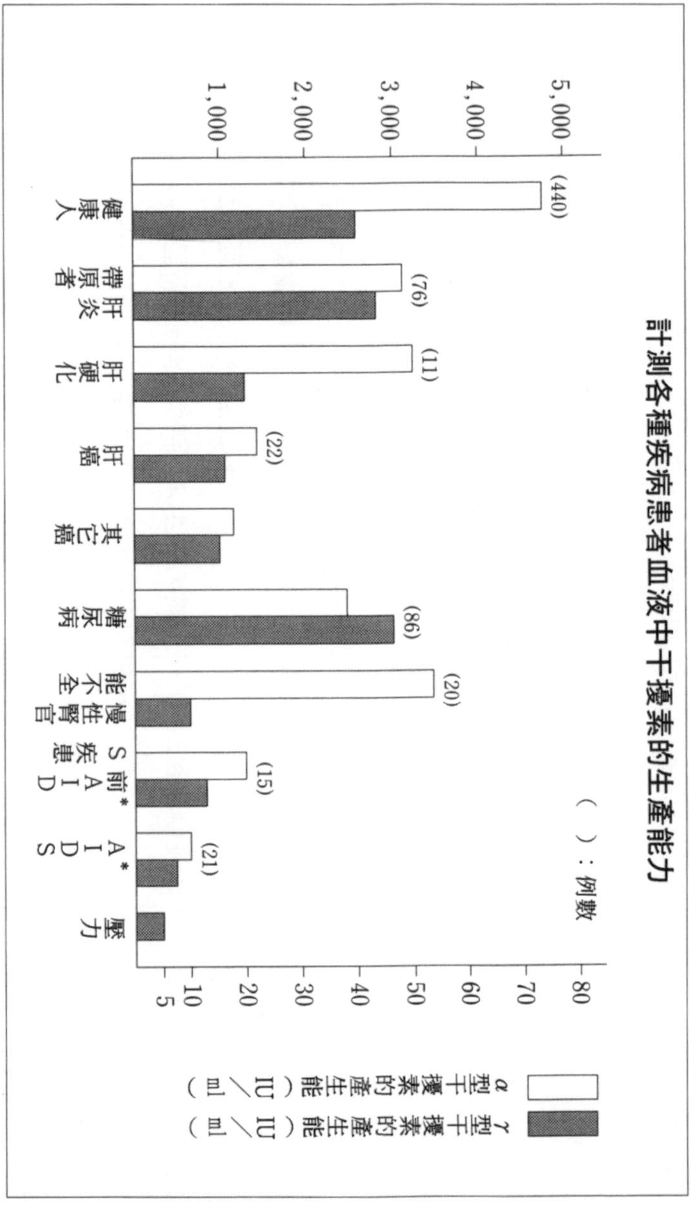
計測各種疾病患者血液中干擾素的生產能力
( )：例數
α型干擾素的生產能(IU／ml)
γ型干擾素的生產能(IU／ml)
1,000
2,000
3,000
4,000
5,000
5
10
20
30
40
50
60
70
80
健康人
肝炎帶原者
肝硬化
肝癌
其它癌
糖尿病
慢性腎不全
AIDS前疾患*
AIDS*
壓力
(440)
(76)
(11)
(22)
(86)
(20)
(15)
(21)

前後三年。這個調查有一先決條件，就是，在計測開始之前，全員必須全無癌症徵兆，即每個人看來似乎都很健康才行。

而這結果到底如何呢?在這測量的三年之中，有十六個人罹患了癌症。再詳細的說，在α值二〇〇〇以下的九個人中，有六人的干擾素，在這段期間呈現「變動型」。附帶說明，α值經常保持在八〇〇〇以上的人，在這三年之中，沒有一個癌症患者。

歸納其研究結果，經常的提高體內干擾素的生產能力，可說是保護身體，使其免受癌症侵害或罹患以成人病為首的其它病症的最佳利器。

而，在將干擾素投予癌症及肝炎的患者之後，的確獲得了令人滿意（相對的?）的效果。

至於，在干擾素的投予量及處方方面，目前尚未建立出明確的定律，就現況來說，所能做的除了配合患者的狀況，適時的給予醫治之外，就只剩下繼續的嘗試錯誤了。另外，副作用的問題，也是今後必須留給研究者的主要課題之一。

毫無疑問，干擾素將成為治療用藥的可能性和被期待感，固然是研究者們應繼續探究、解明的目標，但是在研究的同時，也應朝多方面去探尋才是。岸田就是這種作法的倡導者。

「我認為與其將干擾素放在治療使用上，不如將其改放在預防醫學的範疇中，更來得恰當。因為，我們不應有反正生了病之後，用干擾素就可治好的想法，應該要想怎樣來提高體內干擾素的生產能力，以避免生病。只要體內干擾素的穩定器能保持正常的機能，即使受到了疾病的威脅，也能很快的復原，保有健康」。

因為這樣的想法，現在，岸田他們從日本特有的京都醃菜中，提取出全新的乳酸菌，稱之為「酸莖菌」。

第4章

能找到無副作用的癌症治療法嗎？

——發現可提高干擾素生產能力的「酸莖菌」

●投藥量有個別差異

干擾素本來就是體內的細胞，靠著感染病原毒的刺激所造成。但是製造干擾素的能力，也就是生產力，是有個別差異的。如前所述，生產能力偏低者，容易致癌，也易罹患病毒疾病。

所以，我們目前最應該做的，也是最重要的，就是如何提高干擾素的生產能力，把干擾素當成治療藥，對已致癌或病原毒病的人，並非是最適切的治療方法。

雖然以干擾素做為治療藥劑，曾經「風光」一時，但是在副作用及投藥量和使用方法上，仍存在許多的問題，關於這點，岸田有以下的表示：

「我們極待需要知道的是，當病症出現時，它的劑量及使用方法的標準為何？可惜，目前尚未有任何的答案出現。而這樣的結果，使得它和化學療法一樣，被大量的濫用。我總認為，只要在使用方法上做些微的改變，應該就可解決副作用的問題才是……」。

附帶說明，一般認為α型干擾素有二十四種的亞種。現在岸田京都巴斯德研究所的研究小組，經研究有以下的想法。隨著入侵體內病毒的不同，這些亞種會被微妙的混合，而發揮最有效的功能。

因此，能夠決定數量多寡的全賴這身體的神秘機制來決定，外部的投予干擾素，是無法和它相抗衡的。

這也就是說，我們的能力僅限於提高體內干擾素的生產能力而已，至於干擾素的有效與否，就不是在我們的能力範圍之內了。當然，為此也相對進行了誘發物質（Inducer）的研究工作。實際上開發的有各式各樣蕈類的菌體成分以及人工合成的誘發物質。具體的說即是雙重鎖RNA、靡爛共聚物的高陰離子分子及各種多糖體等等。

然而，這些開發出來的干擾素誘發劑，本來就不存在於人體之中，同時也不能忽略掉它的毒性，所以，相對的產生副作用的問題。結果，沒有一種被廣泛而有效的使用在治療上。

「很多物質一旦被注射在人體中，干擾素很快的就會被誘發出來。然而，大部份的物質都有非常強的副作用。再者，誘發物質對身體而言仍屬於外來物，雖然在誘發當時可造成干擾素，但隔天就無法再作用了。我們曾在以老鼠的實驗中發現，假設其第一次可誘發出一〇

○○單位的干擾素出來，但第二天、第三天卻全然的沒有作用了。而在隔了一週後再使用，卻只能造成五○○單位了，誘發能力愈強的物質，其Tolerance，也就是耐藥性也就愈低。

岸田做了以上的說明。

一直致力於誘發物質研究工作的是美國的Hilton Levy，但是因為他們始終無法製造出可實用的優異誘發物質，以致這項研究最後告終。

結果，研究者們都不再以生產誘發物質為研究方向，而將如何提高干擾素本身的生產能力，做為研究、探尋的標的。

●可提高干擾素生產能力的乳酸菌

將干擾素應用在預防醫學的範疇中，一直是岸田一貫的主張。所以，這樣的岸田，當然不可能不努力於開發可提高干擾素生產能力的物質上。

岸田頭一個想到的就是乳酸菌。而之所以會有這個想法，主要來自於以長壽著名的高加索一帶的居民，多常飲用乳酸菌飲料的這個訊息，所給他的暗示。

提到長壽和乳酸菌的關係，就不得不提到發現巨噬細胞的梅契尼柯夫了。他發現高加索一帶的人，有很多超過一〇〇歲以上的長壽者，而且他還把長壽的理由，假設在其飲用的食物上。在多方調查之後發現，這一帶的人，人人都喝乳酸飲料。

據說，梅契尼柯夫自己也製作一種將乳酸菌放入牛奶中使其發酵的乳酸飲料，而且每日飲用。在他的家族中，每個人約在四、五十歲就去逝的情況下，活了七十幾年的他，可說是為自己的主張做了最好的例證。

岸田對於乳酸菌也有特別的回憶。據說他在幼年時，因為身體孱弱，而常被餵食在當時十分難得見到的乳酸菌飲料。

「好像是在唸小學時，或許是更早以前，家人常要我喝一種外國製的，叫做『Elly』的乳酸菌飲料。依據梅契尼柯夫的說法是，喝了之後對於腸胃有很好的效果。而我也在當時初次聽到他的名字。」

以下介紹梅契尼柯夫的理論，供讀者參考。

在我們的腸管中，存有大腸菌，以將各種的毒素分泌出來。如果這些毒素進入了血管中，就會造成動脈的硬化。動脈一硬化，人便面臨了死亡的威脅，如果能以乳酸菌替代大腸菌的話，不但可抑制大腸菌的數量，還可減少毒素的吸收，增加壽命。

當然，現在大家都知道，乳酸菌有調節腸內環境的功能，對於巨噬細胞和ＮＫ細胞等免疫系統的活性化也多有助益，它對身體的保護，使之不致生病，及對健康維持的貢獻，就是保有長壽的重要環節。而這些在梅契尼柯夫的時代，的確是劃時代的理論。

梅契尼柯夫雖然是因為發現了巨噬細胞而獲頒諾貝爾獎，但是有關他對乳酸菌的理論，更是值得研究者們推崇和敬佩。

岸田對乳酸菌有興趣，並且開始著手培養，是他在唸同志社中學的時候。而在十年前左右，更是特別的熱衷。讓他有結合乳酸菌和京都醃菜構想的是，都道府縣別中有關日本人平均壽命的數據資料。

『全國第二長壽的是京都的男性』

這是在八年前，身為京都人的岸田，在看了這報紙的報導後所得的發想。當時他就有了長壽的原因會不會和京都家庭所必備的醃菜有關呢？岸田說：

「使酸乳酪乳製品發酵的產品，當然會有乳酸菌存在，不過它有蛋白質過剩的缺點，雖然蛋白質對腦的活動有重要的作用，但是站在改進腸胃的觀點來看，含纖維是比含蛋白質來得重要些。而醃菜是由蔬菜做成，所以纖維多，再加上又是發酵食品，含有豐富的乳酸菌，因此我認定，醃菜的酸味一定是乳酸菌的傑作。再者，我也認為，京都人的長壽，說不定就是拜他們經常食用的醃菜中所含的乳酸菌所賜。」

後來，岸田他們開始對京都的各種醃菜展開調查，他們發現了「酸莖」這種酸味特強的醃菜。在京都的醃菜中，比起蕪菁片這種淺漬的醃菜，酸莖的醃期更長，所含的乳酸菌也更多。

酸莖醃菜在九月下旬時就必須開始醃漬，一直要到十一月下旬才能吃。在這個時期，醃製的多為淺漬、酸味不強的泡菜。一般認為最為美味、可口的，是在約三月左右製成的。

岸田將研究對象鎖定為酸莖後，就開始致力於其所含乳酸菌的研究。乳酸菌，如前述所言，它有賦活免疫及抗癌的作用，但岸田還有更進一步的假設，他認為乳酸菌可以促進人體的健康，甚至還有可改善干擾素生產能力的功用。

而醃菜的純日式口味，其中所含的乳酸菌，應更適合日本人才是，這也是岸田的考量點之一。

●新的乳酸菌＝酸莖菌的發現

岸田他們從選出的醃漬酸莖各步驟所需的木桶中，不斷的反覆進行實驗。酸莖在剛醃漬一段時間後，仍是生的帶有白色的狀態，而在過不久後即呈現半透明的變化。隨著這種變化酸味也不斷的增加。岸田他們就是在這種半透明的狀態中，發現了全新的乳酸菌。

這種乳酸菌的全名是Lactobacillus brevis subspecies coagulans，即酸莖菌Labre。

岸田他們用一％的聚蛋白腖、一％的酵母精及一％的葡萄糖，以二十五～三十度的溫度，大約二十小時來培養酸莖菌。而後再以離心分離出凝聚的菌體，並將之凍結乾燥。在完成之後在乾燥的菌體中加上乾燥的馬鈴薯澱粉，調整菌粉後，再加上賦形劑以製成錠劑。

這提供錠劑製作的是，後來共同參與酸莖菌製劑研究的，富山市新庄町的醫藥品製造商陽進堂。

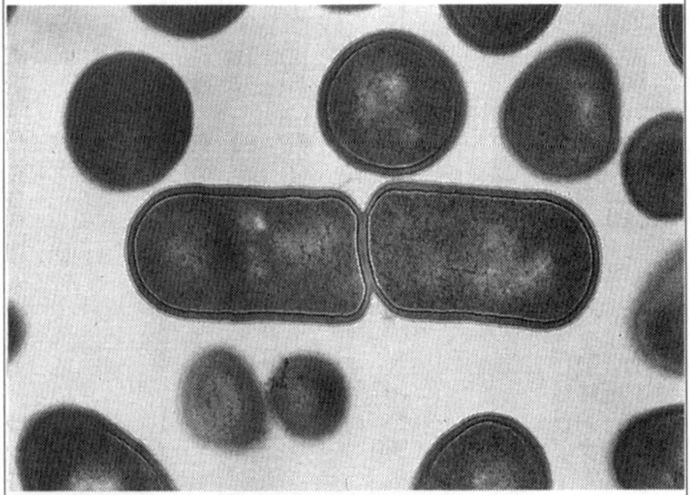

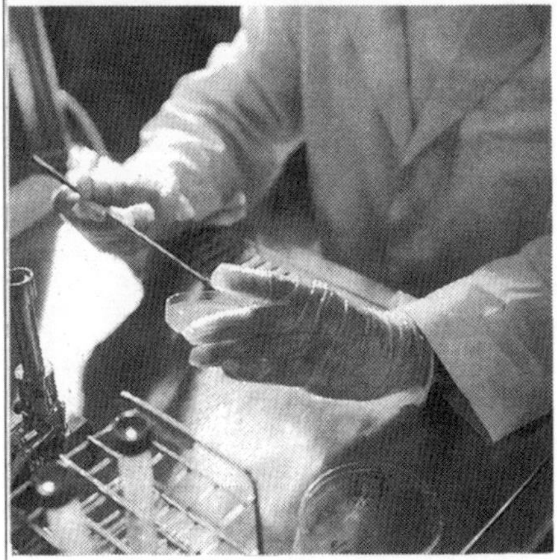

（上）酸莖菌的電子顯微鏡照片（約60萬倍）
（下）菌的培養實驗

參加這次實驗的是由二十五～六十五歲，健康的男性四名、女性六名所組成的義工。這十名被試驗者，以每天口服六錠的酸莖菌錠劑，連續四星期，並分別計測在投藥前、投藥二週後、四週後，其α型干擾素、γ型干擾素的生產能力，以及誘導α型干擾素的2—5A活性酵素、Natural Killer（NK）細胞的變化測定。

所謂的2—5A酵素，即為感染病毒或是使干擾素起作用的酵素，一般認為這酵素活性的上升會提高α型干擾素的治療效果。

各別的測定方法如下：

《α型干擾素、γ型干擾素的誘導和生產能力測定法》

以肝素採血的方式，從被實驗者身上抽取血液，同時以全血法做為誘導干擾素的必須處理。另外，在測計干擾素的生產能力時，必須在錐型管中放入2ml的血液，加上HVJ（又稱仙台濾過體病毒），以及五〇〇HA／ml，以三十七度的溫度培養二十小時。而後以每分鐘三〇〇〇迴轉的離心分離，回收澄清液，做為測定的取樣。

而γ型干擾素的誘導，則為將以同樣採取的血液，改用四倍的MEM培基稀釋後，放進PHA—P，使容量成為二十五μg／ml，以三十七度培養四十八小時，而後以離心分離，回收上澄液。

至於α型γ型干擾素的測定，則改採FL細胞、鳥類病原毒、病原毒五十%CPE抑制的生物驗定法。

《2—5A酵素活性的測定法》

因為2—5A酵素活性在無刺激的末梢血液中測定不出，所以α型干擾素的測定，必須加入HVJ，經二十小時後再測定檢體的活性。在測定時，必須使用2—5齊腺甙基酸（2—5A）合成酵素活性，以幅射驗體計測血漿中的2—5A酵素活性。

《NK細胞活性的測定法》

要計測NK的有效細胞，必須以肝素採血後的血液，以Ficoll-paque比重離心法，分離末梢血單核球，而對於標的細胞則用Cr五一標計法的K562細胞，以E／T20：1的比例混合。按照規定的方法測定細胞障礙的活性。

各位若非具專業知識，可能無法理解這次的實驗，不過為了正確起見，特別列記如下：

這實驗結果，關於α型干擾素的生產能力，十名中有七名，在投藥二週後比投藥前增加，四週後有六名上升。在數值方面，投藥前平約約六二六二單位／ml，但在二週後則升為一〇三五〇單位／ml，四週後則有九九五九單位／ml。（請參看一一三頁附表一）

另外，誘導α型干擾素的2—5A酵素活性變化，在投藥二週後十名中有八名上升，四週後也有八名上升。同時，還出現了即使α型干擾素偏低，但2—5A酵素活性仍然上升的例子。

而在NK細胞活性的變化方面，投藥二週後比投藥前，十名中有九名上升，四週後則有八名增加。在數值上，則從投藥前三十九・五％的平均值，在二週後卂高為五十七・九％，四週後則有五十・七％（參看一一四頁附表二）

關於γ型干擾素的生產能力，雖然其中的三名有上升的傾向，但是生產能力降低者及沒

表1　投予酸莖菌錠劑後干擾素α和干擾素γ所產生的變化

	干擾素α的生產能力 10/mℓ			干擾素γ的生產能力10/mℓ		
	0	2W後	4W後	0	2W後	4W後
KU 女	5518	9545	9884	84	145	358
	100.0	173.0	179.1	100.0	172.6	426.2
UY 女	6457	10784	21986	323	338	705
	100.0	167.0	340.5	100.0	104.6	218.3
AK 女	5254	15073	10584	424	402	353
	100.0	286.9	201.4	100.0	94.8	83.3
YH 女	7243	4162	5712	243	185	309
	100.0	57.5	78.9	100.0	76.1	127.2
TU 男	5208	5511	6141	506	960	270
	100.0	105.8	117.9	100.0	189.7	53.4
TS 男	7240	12693	9999	234	110	110
	100.0	175.3	138.1	100.0	47.0	47.0
TO 男	6495	7229	10617	69	60	137
	100.0	111.3	163.54	100.0	87.0	198.6
YN 女	4418	9083	4416	75	31	62
	100.0	205.6	100.0	100.0	41.3	82.7
AH 女	3168	7345	10320	32	87	98
	100.0	231.8	325.8	100.0	271.2	306.3
MS 男	11620	22075	9939	126	12	41
	100.0	190.0	85.5	100.0	9.5	32.5
平　均	6262.1	10350	9959.8	211.6	233	244.3
	100.0	165.3	159.0	100.0	110.1	112.8

由左至右投予開始時（0）、2星期後（2W後）、4星期後（4W後）的比較。上段為單位、下段為百分比

表2　投予酸莖菌後NK細胞和2-5A酵素活性的變化

	NK活性%			2—5 A活性 pmol／mℓ		
	0	2W後	4W後	0	2W後	4W後
KU 女	26	50	47	29.4	32.0	22.1
	100.0	192.3	180.8	100.0	108.8	75.2
UY 女	43	62	59	49.3	41.5	45.9
	100.0	144.2	137.2	100.0	84.2	93.1
AK 女	42	33	42	10.0	61.0	45.2
	100.0	78.6	100.0	100.0	610.0	452.0
YH 女	42	51	51	10.0	22.6	66.3
	100.0	121.4	121.4	100.0	226.0	663.0
TU 男	24	30	31	22.8	48.4	45.0
	100.0	125.0	129.2	100.0	212.3	197.4
TS 男	33	89	36	84.9	102.5	119.8
	100.0	269.7	109.1	100.0	120.7	141.1
TO 男	53	62	63	47.5	61.8	103.2
	100.0	117.0	118.9	100.0	130.1	217.3
YN 女	36	44	62	54.8	323.5	792.4
	100.0	122.2	172.2	100.0	590.3	1446.0
AH 女	42	79	53	45.0	53.1	118.9
	100.0	188.1	126.2	100.0	118.0	264.2
MS 男	54	79	63	84.0	99.8	108.7
	100.0	146.3	116.7	100.0	118.8	129.4
不　均	39.5	57.9	50.7	43.8	58.1	75.0
	100.0	146.6	128.4	100.0	132.6	171.2

左至右投予開始時（0）、2星期後（2W後）、4星期後（4W後）的比較。上段為單位、下段為百分比

有變化的，也各有三名出現，所以這次的實驗結果，並不能確認它所固定產生的變化。

酸莖菌能提高α型干擾素的生產能力，也可促進2—5A酵素活性、NK細胞活性的上升。總體來看，任何現象都跟人所具備的各種免疫機能密切有關，而我們認為，酸莖菌有利於免疫機能整體的提升。

另外，在令人擔心的副作用方面，從血液檢查的結果來看，完全沒有出現這種現象。

岸田他們所培養、分離出的酸莖菌，學名為Corjulance，它和lackertbachilase・bule-vice的標準株比較起來，（以電子顯微鏡來看）外表似乎漂亮一些，另外還有其他的特徵，如標準株在試管內攪拌時可均勻化，但Corjulance則會產生龍捲風般的現象。

就現況來說，目前仍不知此特徵和干擾素的生產能力有何關連，也不清楚酸莖菌究竟會在何種機制下，提高α型干擾素的生產能力以及2—5A酵素活性和NK細胞的活化。

岸田又說：

「雖然也曾懷疑過是否為酸莖菌誘發出干擾素，或者被干擾素誘發所帶來的初期效果，但是這種可能性，卻始終脫離不出推測的範圍。」

然而，現實中，酸莖菌的確發揮出那些功能來，至於詳情如何，仍待研究者們去解明，我們先從中獲得酸莖菌所帶來的功效，不是更有意義嗎？

干擾素以人類第五個武器的角色登場，那麼，能夠提升體內第五個武器生產能力的酸莖菌，不就更有資格稱之為第六武器了。

為了保護我們的身體，使其不致受感染症或腫瘍的侵害，也為了不使疾病入侵危害健康，人們寄託在酸莖菌的期望，不謂不深。

●產品化的酸莖菌

以岸田為中心的京都巴斯德研究所成員，從京都醃菜中發現了新的乳酸菌，並且分離成功之後，對於這個消息，最有反應的是富山市的醫藥品製造商「陽進堂」的社長下村健造和其企劃開發部次長小貫峰男。

說起陽進堂的歷史，就要追溯到下村的祖父龜次郎，他在一九二九年創設公司，開始向一般人們提供醫藥品的製造和販賣，一九五四年，由下村的父親孝治，設立了下村陽進堂，在一九七〇年改為陽進堂，而後於一九八三年由現任的董事長下村健造繼承。

眾所皆知，富山是和醫藥品關連最深的地方。而富山成藥的歷史，從諸侯設置了半官方半民間的「返魂丹役所」時，就開始了，它的經商方式和一般的商行大相逕庭。他們先將藥品擺在顧客的家中，於一年後再到顧客那裡，收回貨款和補充消耗的藥品。

這種先使用再付款的信託銷售方式和當時行商的銀貨兩訖有明顯的不同。

當然，在穿梭各地的藥商心中，對顧客的信用就是最大的賣點，有了信用的保證，才能與客戶長期的合作交往，為此，藥商們也賦予自己嚴格的紀律。

其所列紀律如下：

- 對官方法律一律遵守。同時嚴格信守同業間的行規，努力推銷。
- 在洽商途中不可拌嘴吵架，更不允許有接觸賭博和色情的行為，如有違者，由其同業沒收貨物，並寄回公司。
- 洽商途中，不可浪費金錢。不守規定者，將接受嚴格的調查。
- 洽商途中，若有聽見同事生病或死亡的消息，要立即前往看護並予以協助。

（松井壽一著『藥的文化』）

從現在的觀點來看，他們都是熱心經商、生活樸實，對周遭事物真誠以待的商業集團。他們對於工作的熱誠和製藥的品質，將富山成藥帶上了成功的高峯。

下村的祖父龜次郎，可說是延續富山成藥業者氣質的人，他常常告誡兒子孝治：

「你心裡只要想著如何製造好的產品，讓客戶使用，這樣就夠了。」

而孝治也如出一轍的在下村幼年時就諄諄告誡這個家訓。雖然，現在的陽進堂擁有最尖端的醫藥品製造設備，但在下村的體內，仍流有富山成藥業者的「血」脈。

陽進堂在一九七三年時，也開始著手經營以綠藻為中心的健康食品。下村說明其理由：

「二十一世紀，高齡化社會顯然會急速推進。屆時，最重要的就是如何健康的活著。也就是說，生病治療已不再是人們關心的事了，如何預防生病，才是重點。這也就是預防醫學。而健康食品事業，就是為了因應預防醫學而設，所以公司才有朝向健康食品領域進軍的計劃。」

然而，下村也給了公司一個不成文的規定，即為，凡公司要產品化的健康食品，必須以準確的科學證明的食品為限。

健康食品的素材如雨後春筍般的不斷出現，其中不乏有造成熱潮的食品，但是下村仍堅守食品科學性的原則。他這種擇善固執的精神，就是富山成藥業者誠實的風範，也是身為醫藥品製造商的驕傲。

「我們不要一窩蜂的追趕熱潮，只要能開發出真正高品質的產品，就算不做廣告，也同樣會引起注意的。」

這就是下村的口頭禪。企劃開發部次長小貫峰男，苦笑的說，這句話他不知道聽過多少次了。

而後，小貫得到下村開發新健康食品素材的指示，在全國各地穿梭。在尋求的過程中，他也曾在岸田綱太郎擔任理事長的「京都巴斯德研究所」進出過。因為他得到了下村搜集情報的真傳，就是有消息出現時一定要親耳聽、親眼看才算。

「當時，董事長建議我可多往微生物方面去注意。在我多方探尋下，發現只要提到微生物，京都巴斯德研究所就是公認的權威機構，所以我便時常的來打擾岸田老師，向他請益。」

在這樣的背景下，小貫當然很快的就得到了發現酸莖菌的訊息，他也立刻的向下村回報……

「董事長，這真是個了不起的發現，我們公司一定要爭取到商品化的機會……。」

小貫熱切的對下村說著剛從岸田那兒得到的有關酸莖菌的一切消息。

對方說話時從不插嘴，待說畢時即立刻下判斷，這是下村的一貫作風，而熟知此作風的小貫，也壓抑不住心中的興奮而如連珠砲般滔滔不絕的說著：

「我們去拜訪岸田老師。」

待小貫說完，下村便如此說著。

「什麼時候呢？」

「明天。你打聽一下，看看老師方便嗎？」

小貫當場就打了電話和岸田連絡，話筒傳來的聲音，讓岸田十分錯愕。

「小貫先生，你也真是太性急了。」

岸田曾經接到過幾個想將酸莖菌產品化的要求，但是對這位下午才向他告別，在數小時

（上）京都巴斯德研究所
（下）將酸莖菌產品化的「陽進堂」董事長下村健造

後又馬上和他連絡的小貫，他的反應之快速，令岸田十分驚訝。岸田也答應了明天和他們的會面。

岸田在京都巴斯德研究所寬敞的客廳中，迎接一早就從富山驅車前來的下村和小貫。在一陣寒暄後，小貫即刻說明了來意。

「老師，酸莖菌的產品化，可不可以由我們公司一手包辦呢？」

岸田從黑框眼鏡的深處，以柔和的目光，注視著下村。他雖然已和小貫有過數面之緣，但是對於下村，他還是第一次見面。這等於是進行了一場人物觀察。

「雙方既然有心合作，最重要的，就是對方是否值得信賴，否則工作是無法繼續下去的，這就是我一向堅持的論點。」

岸田回顧以往，如此的表示。

在商談之中，發言者也不知從何時開始，已從小貫那兒轉為下村了。下村對於公司的業務內容並沒有做太多的說明，反而對預防醫學在今後所扮演的角色，及在此時代潮流下健康食品的意義，有不少的看法，他不卑不亢，訥澀的以以下的話做為結論。

「我只想製造出真正高品質的商品，讓更多的人使用，而這也是從祖父時代就不斷訓誡的家訓」。

岸田在下村的話中，察覺到與自己相同的「思維」。他一直認為，不管製造出的藥有多神奇的效果，如果不能讓大家都使用得到，那麼一切都只是枉然。因此，岸田對於下村的話深表贊同。

「我的祖父也留下了『千萬不可說謊』的遺言，至今我仍奉為金科玉律。」

說完此話的岸田，表情更柔和了。他想下村是個值得信賴的人，應該可以交給他去做，但是有一件必須事先說明清楚。

「酸莖菌目前仍缺乏很多的數據資料，我可是不同意只拿對自己有利的資料推銷製品的行為。」

聽到岸田這麼說，下村點頭答應。

「那是當然的，不管是好是壞，只要有什麼資料，就提供什麼資料，我們會在誠信的原則下，進行酸莖菌的產品化。」

「一言為定。」

在二個小時的會談中，酸莖菌的商品化，就這樣有了開始。

在平淡的人生旅程中，如果說身為研究者的岸田和以傳統富山成藥業者的氣質，做為生活基本態度的下村，他們都是因雙方的感性和意氣相投而結識，這樣說會不會太羅曼蒂克了呢？

●在體內可自然生成的干擾素

目前，酸莖菌還不算是醫療藥品，它只是一種可提高體內對抗以癌症及濾過性病為首的各種疾病，以及遇到症狀發生時進行抑制作用的干擾素其生產能力的物質而已。

到此，已再三說明過，干擾素的生產能力一旦下降，其後果的嚴重性。這也包括了被注射抗干擾素的老鼠，對於些微的病毒，全然無招架能力而很快致死的實驗結果。

然而，在現代的生活中，會使如此重要的干擾素生產能力下降的因素正到處蔓延。雖然不能說是很快，但是也許我們正一路走向早夭之路。

而能夠遏止這種趨向的，除了改變生活方式外，其餘別無他法。年過一百也不痴呆，仍健康生活著的高加索一帶的居民，圍繞他們的是空氣清新、悠閒無壓力的環境，再加上含豐富乳酸菌的飲食生活，這樣理想的生活方式，造就了這永遠的長壽村的美名。

反觀現代人的生活方式，和高加索的居民比較起來，簡直是南轅比轍，呈兩極的發展。現今，地球的生態正大規模的受到污染，也不斷的遭到破壞，而人們也被生活追趕得走投無路、找不到片刻的悠閒。

如果說這被形容為瀝青叢林的都會生活，目前正和癌症隔隣而居也並不為過。當走在以致癌劑做成的柏油路上，一呼吸，肚子裡馬上充滿了汽車廢氣。同時，人們還持續的喝著含足夠沼氣等致癌成分的自來水，也繼續吃著含添加物的食品，如此，甚至可說，「癌」正躲在每個人的背後，並且隨時都有襲擊你的可能。

這種現象連小孩也不例外，他們同樣背負著沈重的的擔子。生活在現代的人，無不積存著壓力，而這將會使得干擾素的生產能力顯著的降低。長期暴露在壓力下的人，不用說其干擾素的生產能力一定是遠遠的落於健康人之後，而也有實驗結果顯示，他們的生產能力，有的甚至比癌症患者的還低。這個實驗是以美國的學生做為對象，測定的壓力內容為考試，可見，即使是小如考試的壓力，都會使干擾素的生產能力急速下降。

而身為公司的中間主管，以及必須經過無數考試過關斬將的考生，和與他們站在同一陣線的母親，其所受的壓力應該不是這些美國學生所能比的。

可見，體內干擾素的生產機制，就在我們的文句中，發出了悲鳴。

然而，想改變生活的環境，這是不可能的。高加索地帶那種清洌的空氣及樸質的生活，對都市的人們而言，也只能望之興嘆。除非是下定決心與都會生活完全隔絕，投向田園生活的懷抱，並與之常年相隨。

既然如此，那麽，能夠改善干擾素生產力的好像就只剩下飲食而已。飲食是維持生命的重要基本條件。而造物主賜予日本山與海的珍寶，使得由此而生的傳統食物，在健康的保持上，勝任有餘。

而就現況而言，那些傳統食品，已在衆多的家庭中逐漸消失。取而代之的，是以高卡路里、高蛋白的歐美食品佔據在日本的日常生活中。能證明這點的最好方法，就是要小朋友們開一份心愛的菜單，我想所有的答案一定都是漢堡、義大利麵、咖哩飯……等。

當然，我們也不是全盤的否定歐美食物，只是，從歐美人開始注意日本的食物這個事實來看，就更值得我們重視了。可見，儘快的恢復日本的傳統飲食方式，實為當務之急。

不管怎樣，想要讓干擾素的生產能力保持在一定的水準上，就必須改善以飲食為中心的生活方式。

只有維持干擾素正常的生產能力，在緊要關頭時，身體的防禦系統才能適時的發揮正常的功能，預防濾過性疾病及病毒或染色體所引起的癌。

前面說過，癌細胞在體內，就像聖誕樹上的裝飾燈一般不停的閃爍著，而有一病理學者，也有這方面的研究結果。他在長年居住在老人之家，並且從在那裡死亡的老人身上，做全身的解剖，結果發現，有九〇％以上的人，在身體的某處有癌的出現。也就是說，即使實際死因並非癌症導致，也會有癌細胞的出現。

可見，在我們的體內仍有不讓癌發作的功能，而那就是以干擾素為首的各種防禦機構。

「要改善干擾素的生產能力，就要從改善生活方式做起。雖然在很多的情形下，我們無力控制整個生活環境，而唯一能做的也就只有飲食而已。但是，也並非人人都有理想的食物可換。也因為如此，酸莖菌的出現才有更大的意義。然而我們也不能以為只要吃了酸莖菌，一日三餐就可以隨便應付，要知道唯有過規律的生活，不吸煙、不酗酒、不熬夜打麻將等，將生活重新調整，這樣酸莖菌才能發揮其相乘的效果。」

岸田提出了以上的勸告。

研究家們對於干擾素曾被當做「癌症的特效藥」而喧騰一時，慨嘆不已，因為為了導正大衆對它有正確的認識，著實花了不少心力。所以，對於酸莖菌，他們自然全力維護，以免重蹈覆轍。

酸莖菌絕非是保證身體健康的魔法食品，只有真切期盼健康，並努力實踐者，才能將它帶上健康的光明大道。

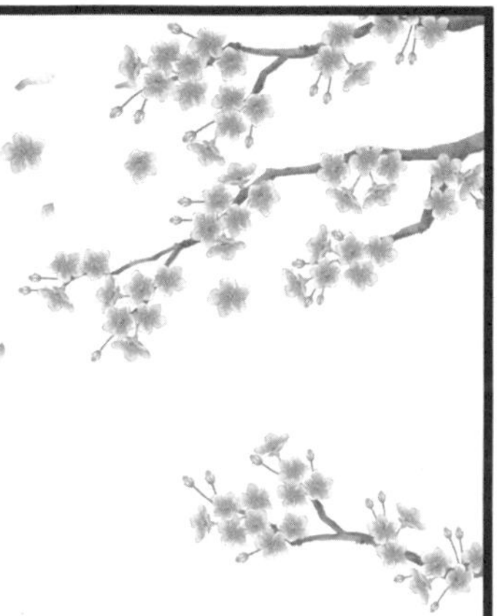

第5章

實際經驗者談「酸莖菌」的驚異效果

——從成人病到癌症的預防

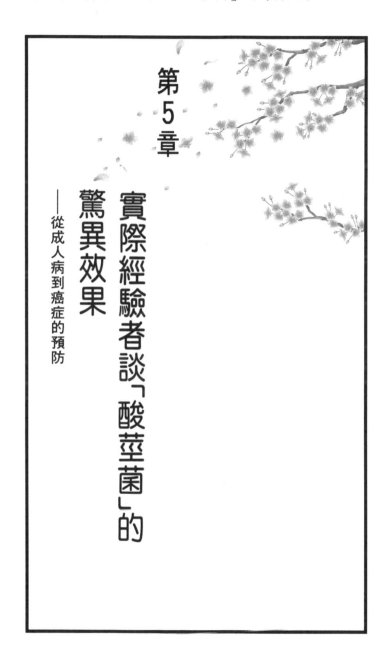

●養生生力軍的出現

經營理髮店的G・R（大阪市人・男性・六十歲），在三年前被診斷為C型肝炎後，從此，改變了他的生活。

「在這之前我對賭的喜好，可以說是沈迷到連飯都可以不吃的地步，只要店裡沒有客人，我一定馬上到柏青哥店報到，就是這樣，健康的生活便離我愈來愈遠，一直到被診斷為C型肝炎後，我的生活才有了一八〇度的轉變。說來諷刺，竟然是疾病引導我走向健康的生活。」

當年，G・R對賭的「熱情」，可說是十分的執拗，雖然他的太太不斷的懇求他不要再賭了，但是他卻當做耳邊風一般，置之不理，仍舊沈溺於賭博中。這樣的G・R，後來竟然能說戒就戒，連生活方式都有大的轉變，可見，疾病宣告的「效果」真是驚人。

「在那之後我便下了決定，任何事只要是對身體有好處的我就去做。就拿工作來說，以前只要有客人上門，即使是超過了營業時間也照樣為他服務，生活可說是很不規律。但是現在，縱使是十分鐘也好，只要一有時間，我就會躺下來休息。想起當年沈迷於柏青哥的我，就好像是另一個人一樣。」

當然，他的太太對他飲食上的照顧可說是十分周到。聽說蜆對肝臟不錯，每天他們的飯桌上就有蜆味噌湯，就這樣，只要是聽說對肝臟有效的食品，她都會去買來試試看。

有一天，當G・R在看運動新聞時，發現了有關酸莖菌的報導，不用說，他當然立刻購買，並且開始服用。由於它並不是藥，而是一種健康食品，這點更合G・R先生的意。

「聽說只要照一般的食品吃就行了，而且和平常吃的綠藻和中藥併用也沒有關係，我丈夫聽了就安心多了，最近他在每天早、晚飯後都各吃五錠。」

G・R在罹患C型肝炎之前，也曾有過胃液系統障礙和自律神經失調等毛病，當時雖然也到醫院治療過，但後來就改用針灸來治療了，因為他對中醫比較有信心。

「我認為治病最好採自然療法的方式，我不習慣到醫院去打針、拿藥的治療方法。」G・R如此的表示。可見他是自然治癒力的信徒，他繼續描述吃了酸莖菌後的變化。

「確實，肝機能的數值逐漸降低，身體不適的感覺也消失了。當然，我不論是在飲食或生活上的各個細節都非常的注意，才有這樣的效果。可是，我認為酸莖菌在其中也發揮了很大的功用。」

最近和他熟悉的客人，見了他之後都說，他已復原到一點都看不出有病的樣子。當然，他對於過去嗜賭的生活，早已是敬而遠之了。

「我想今後都要以養生為重。當初被診斷為肝炎時，心想，以後都要被此病拖累了，但沒想到，它竟然是我生活轉變的契機，再加上酸莖菌這個生力軍，今後我會更有耐心的維護身體的健康。」

失去了健康，才知道健康的可貴！G・R的經驗，應可帶給健康的人一些啟示。

●靠潛在恢復力克服病症

由於身為一名公司的經營者，所以一向勤於自我管理的U・S（東京東村山市人・男性・五十七歲），因為他經常定期的健康檢查，所以對於疾病的抵抗一向充滿自信。

但沒想到，去年他被醫生診斷為有肝機能降低的現象。

「因為年齡也快接近六十了，所以心想身體稍微差一點也是無可厚非，不過肝和腎對健康來說，是很重要的器官，所以算是蠻大的打擊，再說病由氣生，所以當時，心裡想的都是有關肝病的事，到後來，甚至感覺肝臟附近會隱隱作痛。」

雖然已經將運輸公司的業務交由長男去處理，但是U・S仍不習慣從第一線退下來的感覺。他遵從著醫生的交代，每個月到醫院做一次健康檢查，並且持續半年左右，他這麼努力配合無非是盼望能早日恢復健康。

然而，每次辛苦看診的結果，所得的也只有肝機能的數值而已，漸漸的他對醫院有了不滿和不信任感。

「反正，只要一進醫院的大門，就覺得全身的力氣都被吸走了。再說，你又不可能和醫生慢慢的談，所以我想，既然身體是自己的，就交給自己來管理了。」

雖然他在年輕時曾有飲酒過量的毛病，但是也已經戒很久了，同時他的飲食生活也是只吃魚、青菜等清淡的食物，所以，U・S實在找不出生活中有那方面是要刻意去改善的。

「這些年，連感冒藥都幾乎沒吃過。我一向不主張吃藥，所需的營養從食物中攝取即可足夠，這就是我的信念也是平常生活的態度。」

U・S如此的說著他自我管理的方式。而這樣的U・S與酸莖菌結緣，是在一次與附近診所的醫師交談之後開始的。

他在一次的散步途中，遇見了醫生，才有了那次交談的機會。

「在交談中，我提到了對大醫院刻板不人性處理方式的不滿，以及對現代醫學數值絕對主義的不信任，也有說到有關中醫的話題，因為我本身對中醫較有好感，而且據了解，中藥並非只針對病症而下，而是在幫助人恢復原有的復原能力。」

在談話的過程中，這位醫生提到了NHK地方新聞報導的酸莖菌。

「我直覺的認為這就是我想要的。我很快的打電話到NHK去詢問，輾轉買到了才上市不久的酸莖菌」。

以後，他每餐飯後都各吃三錠，據他的解釋是，他並不能確定是否為酸莖菌帶來的效果，但是

「精神好像好了很多，整個人顯得活力充沛，而肝機能的數值也維持在正常的水平，我

真希望能夠一直保有這種狀態。」

從U・S的話中，可以感覺到他有一種「難以置信」的心情，同時對於人本身擁有的恢復力，有了更深的信心和信賴感。

「我想這可能是酸莖菌在助我一臂之力吧！」

U・S先生微笑的說。

●不靠西洋醫學而自然痊癒

「二、三年前我的肝機能開始惡化，經過多方檢查，在去年發現得了C型肝炎。當時主治醫師便勸我服用干擾素，可是我很怕它所產生的副作用，所以不敢輕易去嘗試……。」

住在福岡市的T・M先生（男性、四十三歲）如此說著。

而他之所以對干擾素怯步的原因，除了副作用之外，還有一個理由，就是T・M所得的肝炎屬於平時沒有什麼特別症狀的非活動型，因此，有經濟上的顧慮。

T・M說：

「活動型肝炎，如果以干擾素治療的話，可以用保險給付，但如果是非活動型的話，就沒有辦法了，而且我聽說醫藥費並不便宜……。」

這樣的T・M有一次在西日本新聞報上，看到有關酸莖菌的報導。

「看到這篇報導時，心裡就想早點兒買到，才向京都巴斯德研究所打聽。」

從此，T・M便開始服用酸莖菌，他說沒有副作用的顧慮，這點比什麼都開心。

「我不想以吃西藥治療，以免讓身體承受過重的負擔，而且我向來都是吃中藥的，所以酸莖菌對於不欣賞西藥的我來說正是求之不得的，同時，在費用方面也十分合理。」

現在T・M到醫院的目的，只是去測量肝機能的數值而已，其餘的全靠酸莖菌來調整，他說明了自己的情況：

「雖然數值只較從前有稍微的改善而已，但是體力卻很不錯，每天精神都很好。」

另外，T・M在罹患肝炎之前，曾有過胃潰瘍的紀錄，雖然不到需要住院的程度，但是不時的胃痛，也深深困擾著他，再加上職業為理髮師的關係，每天都必須工作，所以承受的壓力也不小。這樣的情況，對於T・M來說，簡直就是一種惡性循環。

「雖然胃很痛，可是在客人面前又不能愁眉苦臉的，真是痛苦極了。但是，自從吃了酸莖菌之後，胃痛的毛病改善了很多，幾乎沒有再出現過。」

酸莖菌為T‧M解決了工作上的煩惱。然而，變化不只如此。

「因為覺得自己有些胖，所以三餐都避免吃肉，可是，也不知道是什麼原因，還是常常便秘、拉肚子，但是現在這些煩惱全都沒有了，這可能是因為酸莖菌有整腸的作用所導致的吧！」

T‧M還不斷的說著他對酸莖菌成分的了解，以及他的健康身體，他說現在家族中都有人感冒，只有他完全安然無恙。

從前他每天總要抽上一包煙，但現在已完全戒掉了，全心全力的努力恢復健康。T‧M對於自然的痊癒，抱有很大的期望。

「只要肝臟不急速惡化，我想再多花點時間，應該就可恢復正常了。聽說肝臟是再生能力很強的器官，希望它能為我振作一點。」

●酸莖菌有無限的可能性

住在神奈川縣小田原市的Y・S（男性・六十一歲），在二十多年以前曾接受過肺切除的手術。在當時的一次輸血中感染了B型肝炎，直到去年，在做過肝的檢驗後，才知道已轉為慢性肝炎了。

「沒想到肺的切除手術，竟然帶給我這麼大的痲煩，讓我過著必須與肝炎長期抗戰的生活，其間，肝機能的數值雖不怎麼正常，但也還算安定，總算是讓我能夠過著普通的日常生活。」

因為Y・S與疾病的長期相處，使得他對於自己的身體能有冷靜、客觀判斷的「餘地」。現任公司董事的Y・S每天都過著準時上班，準時晚上八點回家的日子。

「我本來就是不喝酒的，至於飲食方面，也沒有因為生病而特別吃的東西，和大家吃的都一樣。只不過，我奉行七分飽的理論……」

據說Y・S目前每三個月到醫院做一次定期檢查，然而他對肝機能的數值，已沒有當初的過敏反應了。

「有一段時期，我的心情就隨著肝機能數值的變化而忽悲忽喜。後來，時間一久，才知道肝功能指數的起起落落，就是這種病的特徵，沒什麼好擔心的，重要的應該是身體狀況的變化。」

聽Y・S這麼說，就知道他對於抗病很有「心得」。這樣的他，跟酸莖菌的際會，是透過NHK電台的廣播節目而來。

報導的內容是說：「酸莖菌可強化免疫機能，又有提高體內干擾素生產能力的作用」，在聽了這些之後，就覺得可以試用看看。

Y・S對干擾素的了解是無庸置疑的，他對於免疫賦活劑的知識也十分豐富。他說，從前醫生曾勸他服用干擾素，但是因為有副作用的顧忌，所以怎麼樣都不願去配合。

這樣的Y・S，直到聽見了酸莖菌出現的消息，又有了更深的信心，同時也沒有副作用的後遺症，所以，這真是名副其實的「福音」。

對於吃了之後的變化，Y・S如此說明著：

「由於我的身高不算矮，所以體重相對好像比較輕，內人不煩惱我的肝病，反而擔心我太瘦了。因此，老是要我吃胖一點。因為骨瘦如材的丈夫，會讓她不放心。而自己也常有體力不足的感覺。但是，自從吃了酸莖菌之後，體重雖然不變，但是體力卻明顯的增加，而且肝機能指數，也比以前更接近正常值。」

對於這樣的變化，最能證明的，當然就是他的太太了，她還對她認識的一位美容師，提到了酸莖菌。

「那位美容師，為背痛所苦有很長的一段時間，但是聽說在服用酸莖菌之後，痛已經消失了，據說酸莖菌對其它病症也有效果，真讓我見識到酸莖菌無限的可能性。」

他的太太如此「報告」著。

●見到孫女精神飽滿、充滿活力而感動

T・K（兵庫縣明石市人・男性・六十五歲）十一年前，他很高興的迎接小孫女的誕生，但沒想到，可愛的孫女小Y竟然患有先天性的心臟病。

後來，這小生命還為此動了三次的手術，分別是九個月時的大動脈縮搾症手術，一歲九個月的心室中隔缺損症手術，以及一九八九年小學一年級時的大動脈心瓣置換的換心手術。

「孫女的身體狀況變壞是在第三次手術時開始的，我一直認為，如果當時的手術能夠延後一點再開，應該會比較好吧……。」

在那次的手術，由於欠缺對C型肝炎的認知，也沒有檢查輸血用的血液，結果小Y便因此而得了C型肝炎。

據說，當時檢查的結果，無論是GOT或GPT都在一〇〇左右，同時食慾很差，臉色也很不好，很容易就會感冒。然而因為當時大家都對C型肝炎不甚了解，因此也沒有診斷出來。

「醫生只告訴我們避免讓她吃油膩的東西而已，並沒有接受過任何有關肝炎的治療。」

T・K還說，被診斷出C型肝炎還是在兩年前的檢查才知道的。但後來也沒有做什麼特別的治療，直到去年，主治醫生才建議他可用干擾素來幫他的孫女治療。

「我考慮了很久，因為孫女現在是小學五年級，明年就要接受入學考試，實在抽不出時間，再加上令人害怕的副作用，於是我便請教了附近的醫生，他們是說：『我看，還是不要隨便吃比較好』，所以……。」

也就是因為T・K做了暫緩以干擾素治療的決定，才有後來和酸莖菌的際會。

「我是在『讀賣新聞』中，聽到岸田博士的介紹，以及『週刊郵報』的報導才知道的。當時完全也是一種急病亂投醫的心態，所以馬上就去買來讓孫女吃，因為我想它並不算是一種藥，而是使身體自然造出干擾素的物質，又加上沒有副作用，於是……。」

他的孫女在吃酸莖菌之前，肝功能數值GOT、GPT都在五十左右，但據說，自從在每日午餐前、後各吃三錠，每天六錠，連續一個月後，其數值已改善很多。

「很可惜，醫生並沒有告訴我們確切的數值，只是說『有改善了』，還說大致改善25％左右。」

雖然沒有確實的數值，但是從小Y的外表看來，身體狀況似乎好了很多。

「她以前很瘦、臉色又不好，但最近食慾好了很多，也較有血色了，看起來很健康。在沒吃酸莖菌以前，如果在學校有運動的話，她的肝指數馬上上升，而且還要臥病在床，所以我們都不讓她運動，但是現在看到小孫女，精神飽滿的到補習班上課，心裡就很感動，心想，她真的是好很多了。」

不只是肝機能的改善而已。據說在小Y的身上還發生了不可思議的變化。

「因為孫女裝有人工心臟瓣膜，所以必須經常服用一種叫Waffalin的藥，也不知道是不是吃這藥的關係，她的生理期出血量很多，且長達十天，但是在吃過酸莖菌之後，無論是在量或時間上都恢復了正常。」

T・K正以充滿無限關愛的眼神，在一旁注視著他最疼惜的小孫女。

●與體內衆多病魔搏鬥的力量復甦

「醫生開的藥我是一概都不吃的。」

住在群馬縣伊勢崎市的H・T（女性・五十四歲），如此斷然的說。

她之所以會這樣，當然是有理由的。這是她在長期抗病的過程中，逐漸失去了對藥的信賴感所致。

她第一次身體出現狀況是二十五年前的事了。

「當時我雖然才剛生下了老大，可是為了看護因腦硬化而臥病在床的父親，每天可說是不眠不休的在忙碌著，但是又不能因此而不管，所以就這樣健康失去了平衡，身體各處開始有了不適的情形……」

H・T到附近的大學醫院去接受診治後，結果被告知多樣的病名。

「首先，醫生說我有乳癌的徵兆，後來又有皮膚癌，以及另外一個不知道是什麼名字的病，接著，不久之後，我又罹患了一種叫Shuncatal的眼病。」

這種眼病會在眼睛的周圍長出像圍牆一般的濕疹，發病者通常以青少年為多，年紀已二十九的女性得到此病的實屬少見，也因為這樣，H・T還被當做學術研究的對象，從此開始過著泡在藥水中的日子。

「到了大學醫院後，我分別要到婦產科、皮膚科等地方看四種病，有時還要接受鈷療法、吃大量的藥等等。可能是藥量太大了，我的肝臟開始腫大，嚴重時還會痛到無法彎腰。」

雖然如此，H・T仍然努力的忍耐，還以畫敷的方式，忍著痛繼續看診。

在這種情形之下，H・T的朋友，為她介紹了一個指壓的師傅。

「我決定暫時以指壓治療看看，沒想到三個月後，眼睛四周的濕疹全都好了，在這之前我還為此動過手術，但都沒有治好」。

就是以這次的體驗為契機，她的心中開始萌起了對現代醫學的懷疑感。

——自外部大量的用藥，病真的就會好嗎？

此後，H・T便儘可能的不再吃藥，而改採幾種所謂的民間療法治療。

「我試過各式各樣的療法，在四十二歲那年，我的病還一度惡化到連喝水都很困難，後來還是靠針灸的溫熱療法，才勉強撐過去。」

H・T說起了她的朋友介紹她吃酸莖菌的經過。

「我這個朋友比我年輕很多，她說她要介紹給我一個很好的食品，後來我們就一塊兒吃酸莖菌。因為我這是慢性病，不是一朝一夕就治得好的，所以我也不敢抱太大的希望，可是它仍然帶給我很少再為氣喘及呼吸困難而煩惱的效果，同時，也不太會感冒了。」

另外，還有更明顯的變化，出現在她朋友的身上。根據H・T的描述是：

「長久以來，她就一直為便秘所苦，在那之前也試過很多的草藥什麼的，雖然每一種在剛開始時都有效，但習慣了之後，又沒效果了。就這樣反覆不斷的試，一直到吃了酸莖菌之後才完全改觀，從前她的皮膚比較粗糙，但現在變得紅潤有光澤，身體也好多了，人也變得非常漂亮、活力充沛。」

看見朋友有這樣的成果，H・T當然也開始有了期待。

「我想，能趕走疾病的，就是人與生俱來的生存能力。如果這種力量失去了平衡，就會引起病症，所以光靠吃藥是不行的，應該要努力的使其恢復平衡，讓戰鬥的力量再度復甦才是。我認為，酸莖菌就有這種功能。」

但願H・T這長達四分之一世紀的抗病生涯，能在不久的將來儘早結束。

●期待更詳細的數據資料

異形型狹心症、坐骨神經痛、耳性眩暈症、神經性下痢、一年數十次的痙攣以及年輕時得的肌肉腫……等。這位住在東京都中央區的M・K（女性・六十二歲），真是名副其實的百病纏身，然而，因為經營服飾店又要照顧生病的父親的關係，因此始終無法好好休息。

M・K表示C型慢性肝炎是在一九九一年年底發現的，當時她正陪著父親到聖路加醫院看病，不料自己卻在醫院中暈倒，經過診斷之後發現，GOT、GPT都高達二〇〇左右。

於是，她開始服用中藥的小柴胡湯，同時每隔一天還得吃附近醫院開的藥效頗強的Minoforgen。這樣才總算將GOT、GPT下降到了一〇〇關卡，然而，卻始終停留在壓低數值的狀態而已，院方認為她應該到醫院做徹底、根本的治療才行。

「醫生建議我注射干擾素，但是，因為家裡有工作，而且又要照顧生病的父親，因此無法到醫院做這種長期的治療，只能接受在家也可做的治療方法。」

對於干擾素來說，它並非是對大家都有效的神丹妙藥，再加上有副作用的疑慮，因此，這些都可能成為病人無法接受醫生建議的原因。

就在去年十月中旬，M、K聽到了一個好消息。

「我在東京新聞和『壯快』雜誌上看到有關酸莖菌的報導。內容是說，酸莖菌是自然的產品，沒有副作用。我想，就是這個，於是就去買來吃吃看。」

她是從十一月底開始，每天吃六錠的酸莖菌，M・K說

「因為我還有吃另外幾種的健康食品，因此也無法清楚的看出酸莖菌的效果。但是，最近的血液檢查中，GOT、GPT已經在一〇〇到八〇之間了。」

當然，在健康的判斷上，數值的高低是很重要，但是自覺症狀的減輕也是不能忽略的重點之一。關於此點，M・K說：

「剛開始時慢慢的有了食慾，吃過飯後也不會覺得累，胃腸的狀況也不錯，最近更不再拉肚子了，而且年輕時就有的抽筋毛病，也幾乎不曾發作過。」

M・K一向都服用多樣的健康食品，但現在她的想法稍稍有所改變了。

「目前我吃的是有關蜜蜂的健康食品Propolis，由於手邊的也快用完了，所以想趁這個機會停用，因為它的價格實在是太貴了……。」

筆者心想，有機會一定要繼續報導M・K後來的變化。

現在她已將酸莖菌做為養身的主軸，身為酸莖菌的消費者，M・K提出了以下的建議：

「我認為應該要以更明顯的方式，教我們在何時以何種方式吃最有效……。」

酸莖菌從發現至今，只不過才短短幾年的時間，這的確是日後必須解明的課題。我想，京都巴斯德研究所，在不久的將來將會發表更新的數據資料。

●找到最好的健康方法

一般來說，對健康開始失去了自信，通常是在年過三十歲以後。

「為了保持健康，我應該要做點什麼才行。」

如果突然有了前所未有的疲勞感，相信誰都會有以上的想法。像鹿兒島縣的N・K（男性・三十四歲）就是其中之一，雖然他並沒有得過什麼重大的病，但是他總覺得最近的身體開始走下坡，因此，對自己的健康情況感到不安。

N・K會有開始看健康雜誌的念頭，是在同年紀的友人動了胃潰瘍手術之後的事。

「朋友的手術很成功，聽說復原的情形也很好，但我總是很擔心，所以才想翻，以前一向認為與自己無關的健康雜誌。」

一天，一個有關酸莖菌的廣播消息，飛進了N・K的耳朵裡。其內容大概是說明酸莖菌

可提高體內干擾素的生產能力，提升肝臟機能，還能助長對病的自然治癒力。N・K說

「我最感興趣的是它沒有副作用，再來就是它到處都可買得到。」

於是N・K就與酸莖菌的製造商連絡，詢問鹿兒島的販賣地點，並且力勸友人一起使用。不久，這位友人還寄了「使用報告」給他。

「我的朋友說，他在吃酸莖菌之後，覺得身體開始變得輕鬆，剛開始他還是半信半疑的，後來真的有了實際的感受……」

N・K自己也已到了三十歲的年紀，常覺得容易疲倦，因此經常喝健康飲料等食品，在聽了友人的體驗之後，他在心裡便下了決定，一定要努力的讓身體恢復原來的健康。

「它在價格上還算是合理，而且一天六錠也很輕鬆，我想我應該可以繼續的吃下去才對。」

他在吃過酸莖菌後變化如何呢？從前每到冬天，他一定就會感冒，而且久治不癒，但這個冬天就不大相同了。

「從前只要一感冒，病情就很嚴重，會發高燒，躺在床上無法上班，結果就得向公司請

假。但今年雖然也有感冒，可是卻沒有發燒，也不會病得需要躺在床上了。」

由於N・K在公司的地位頗為重要，經常需要開車到處洽公，而弄得疲累不堪，出現頭痛、眼睛痛的症狀，但現在都已一一解放了。

「這真的是一種突然消失的感覺，身體變得好輕鬆，沒想到一覺醒來，竟然就有了全然不同的感受。」

N・K覺得自己恢復到了二十幾歲時的健康狀態，他也有了從前沈睡在體內的自然治癒力正不斷提升的真實感受。

「上班族總是認為時間不夠分配，因此很難實行特別的健康法，而酸莖菌簡單又有效，我認為它就是最好的健康方法。」

在消除了對健康的不安後，現在的N・K做起事來更加賣力、有勁了。

●想藉由自然產品治病

東京東村山市的K・Y（女性・六十歲），在六年前被診斷得了肝炎，那是C型肝炎和自我免疫性肝炎。從此，她便過著每天看門診、治療的日子，但病情卻絲毫沒有起色，而時間也就一天天的過去。

「所以，我決定乾脆就以干擾素治療算了，說不定可以完全治癒，反正也拖了那麼久了，不妨賭一賭……。」

就這樣，K・Y便在一年前開始接受干擾素的治療，期間持續六個月，一直到去年十一月四日治療才告結束，在那時GOT、GPT都穩定的落在正常值上。

她聽到有關酸莖菌的消息是在剛結束治療不久後，她的朋友告訴她的，她的朋友說：

「我有個舊識在製藥公司上班，她說有一種叫酸莖菌的東西，我想買來試試。」

當K・Y再更進一步詢問時，她才又做了酸莖菌能提高體內干擾素生產能力的說明。

「反正病急亂投醫，試試看也好。」

K・Y這麼想著，也很快的買來了酸莖菌，並於十一月底開始每天吃六錠。

可能是干擾素治療的反作用，十二月時接受肝機能的檢查時，數值竟然上升，而且在隔年一九九四年一月，還出現了頭暈目眩和疲累的現象。

「雖然身體狀況惡化，可是我仍然沒有放棄繼續吃酸莖菌，可能我做對了，因為數值已漸漸開始下降了。」

K・Y在正月時超過五〇〇的肝數值，在二月的血液檢查中，GOT、GPT都已降至三〇〇左右，三月初又降到了一〇〇，在同月底的檢查裡，更是有了GOT－74、GPT－80的好成績。

「現在感覺輕鬆、快樂多了，很有食慾，也不再暈眩，感覺好好。」

K・Y為了治療而辭去了工作，在日常生活中也充分的注意各個細節，不用說，像這樣的自我管理方式，必須在維持良好的健康狀況上扮演重要的角色。K・Y說：

「肝數值的下降固然很好，可是更令人高興的是，它完全沒有副作用，因為在以干擾素治療時，全身都感到疲倦，也沒有食慾……。」

其中，尤以掉髮的副作用，對身為女性的K・Y來說更是痛苦萬分。目前K・Y已從副作用的情況中解脫出來，這樣的情形，自然帶來精神面的效果。現在的她，正給人一種活力充沛，精神飽滿的印象。

「從今以後，我不只是吃酸莖菌而已，也要嘗試野菜汁等，只要是自然食品，性質溫和對人體有好處的，我都想要試試看。」

K・Y說，今後她都會重視每個與自然健康食品接觸的機會。她心情開朗的表示：

「血液檢查是每四個禮拜一次，下次的時間是在四月底，我相信我會得到比上次更好的結果。」

●如何可以永遠不必戒酒

對中年男性而言，最令人擔心的，莫過於肝臟的毛病了。特別是年過四十的好酒之人，肝臟的狀況，更是他們關心的大事。

五十六歲的Y・S（男性）是衆所公認的酒國英雄，每天晚上喝酒，已是家常便飯，最近喝得更多了，還有酗酒的傾向，就在這種情況下，他被醫生診斷出有脂肪肝的徵兆，這個消息讓Y・S感到十分錯愕。

「以前在公司的健康檢查中，是很擔心GOT、GPT的檢查結果。但現在比起年輕時，酒量已經減少了，身體又沒有出狀況，所以一直以為自己的肝臟還撐得住。」

Y・S說，他目前的酒量，大約是四大瓶啤酒的程度，但他發現，最近在晚上酗酒後，隔天竟然沒有半點食慾，這才讓他有了身體已出現問題的警惕。

「我在喝酒時，是不太吃東西的，雖然我知道這樣做不對，但是在酒醒之後，我卻可比同年齡的人吃得更多，像什錦麵湯、烤鰻魚等等，通通一下子就吃光了」。

但如今，這種食慾已全部消失了。

「我們這一代的人，都有一種強烈的共識，就是，如果一個人吃不下任何東西時，那他鐵定是完蛋了」。

因此，他很快的趕到醫院去，診斷的結果是輕度的脂肪肝，而原因當然就是酗酒了。

「當時，醫生告訴我，只要多攝取高蛋白的食物，靜養一段時間就行了。」

在聽了醫生的話後，Y・S便住院三個星期，雖然肝功能恢復了正常，但由此卻讓他深切的體認到，自己的肝臟一定要好好的維護，因為只有如此，才可以永遠都不必戒酒。後來，Y・S開始嘗試吃各種健康食品。

「主要是吃像牡蠣精、青草汁之類的東西，在試吃之後，覺得效果還不錯……」

自從出院之後，Y‧S便將醫生開的藥和健康食品一起服用，努力的做好健康的管理。而後，有一個酒友告訴他有關酸莖菌的事。

「我開始吃了以後，原本常覺得疲累的身體，竟然變得輕鬆、舒適多了。」

後來，Y‧S的輕微慢性宿醉也有了改善。自從Y‧S出院後，在飲酒時便儘量的吃一些高蛋白的物質，也稍稍減少了酒量，這樣實踐後的結果，比想像的更好。

「我覺得酸莖菌的確和其它健康食品有明顯的不同，使人有真的有效的感覺。在喝完酒之後，排出尿液的酒精臭味也消失了，顯示出體內酒精的分解能力提高。就我的立場來說，要戒酒是不可能的事情，所以只得好好的保養肝臟，而現在我也有了最好的養肝方法了。」

Y‧S常說沒有酒的人生是乏善可陳的，看來他已經找到最好的盟友，以後再也不必戒酒了。

●濾過性病毒皮膚炎消失了

現年的四十七歲的T・Y（男性），從二十歲左右就一直為了疱疹而煩惱不已。據說，只要一發作起來，他就必須到皮膚科去，如此周而復始、不曾停止過。

「醫生說，我的情形是屬於病毒感染的性質，因為目前尚未出現有效的藥，所以也只能治標而不能治本。」

他十分清楚之所以會感染病毒，主要是因為體內免疫機能減弱的緣故。因此，想要擊退病毒，除了提高免疫機能外，別無他法。

「我雖然知道改善體質是唯一方法，但經我向醫生請教後，還是不知道有什麼好的方法可以用，所以我只好到處去試試所謂的民間療法，只要聽到有什麼對身體很好的，我都會去吃。」

T・Y如此無奈的的表示著，事實上，那些以蘆薈為首的各種健康飲料他幾乎都試過了，還有，聽說對皮膚病很有效的溫泉療法，他也曾洗過一段時間。

「可是，都沒有出現任何特別的效果。雖然有一度濕疹好轉了，但只要身體稍稍疲勞一些，還是會繼續復發，因此我也認了，不想再管了。」

按照T・Y的說法，皮膚異常的情形，通常是在累積疲勞的時候。

「只要一勞累，原本抵抗力就弱的身體，就愈不能抵抗病毒的入侵，而且又容易感冒，尤其是盛夏時期，更是無法避免。」

眼看著試盡了各種方法都無法改善身體的狀況，他一方面覺得心灰意冷，一方面又十分著急。有一天，T・Y透過朋友的介紹，知道了酸莖菌。

「對干擾素的認識，我只知道那是肝病及癌的治療藥而已，所以，當我聽到它在整個健康上，扮演重要的角色時，真的嚇了一大跳。」

最讓T・Y心動的是，干擾素對於體內抵抗病毒的免疫機能有很大的作用。

「說不定它可幫我提高抵抗力。」

T・Y很快的開始吃起酸莖菌。當然在長期跟皮膚病對抗的過程中，包括酒、煙等，他都儘量少用，在日常的健康管理上也刻意的用心去做，或許是這樣的努力，沒有白白浪費，因爲在吃了酸莖菌一個月後，疱疹消失了。

「以前雖然也曾治好過，但要不了一個星期，又會再復發。沒想到，這次真的完全消失了，疲勞也比從前減少很多，這一切的一切，真是讓我太驚喜了。」

現在，T・Y已養成了每天早、晚吃酸莖菌的習慣，對健康更有信心了。

●相信對於預防癌症的效果

大家都知道，人一旦失去了健康才會知道它的可貴。因此，一般而言，對健康充滿自信的人，是不會為此而傷腦筋的，但是這對S・H（東京國分寺市人・男性・三十四歲）來說，就不是這樣。

過了三十歲的S・H，除了胖一點之外，可說是非常的健康。從公司的健康檢查中，找不出任何異常的現象，像是中性脂肪、血壓數值等，都保持在正常的狀態下，S・H的健康，可說是十分令人羨慕。

「胃腸的狀況，非常良好，也沒有宿醉的情形。」

之所以會有這樣健康的身體，是S・H花了比別人更多的心思換來的，這當然有他的理由。

「雙親的生命，都是被癌奪走的。」

雖然癌症發生的原因，還有很多極待日後解明，但是一般認為，癌症確實是會遺傳的。

因此，雖然他的身體健康，但是雙親因癌而死的陰影，始終圍繞著他，令他深感不安。

同時，在父系的親友裡，二十年之中，也有三個人因癌症而病倒。

「父親死後的第三年，母親也因癌症逝世了。父母雙亡，帶給我很大的打擊。我想，我得的大概是癌症過敏症，腦海中始終存有一定逃不過癌症侵襲的念頭，那是一種非常絕望的心情。」

為了阻絕這樣的心態，他努力的搜集任何與癌症預防有關的資料，然而他所搜集得來的，不是缺乏數字根據，就是需要有非常的耐心才能做到的。讓他覺得，要上班族在日常生活中去實行，似乎是不太可能的事。

這麼為健康煩惱的S・H，有一天得到了一個好消息。

「我曾在公司對同事說過對癌症的不安感，有一次，一位十分理解我心情的同事，給了我一張東京新聞的剪報，就是關於酸莖菌的。在剪報中並沒有說它有治療的效果，不過關於干擾素的解說，倒是引起我的注意，也就是說酸莖菌可增強抵抗力，提高干擾素生產能力的這個部份。」

S・H很快的打了電話向京都巴斯德研究所打聽購買的地點，買到酸莖菌後，目前每天吃六錠的S・H說

「因為我的身體本來就算健康，所以在這方面並沒有什麼變化，不過從前的便秘，以及排泄時間不定時的毛病，現在都改變了，每天早起之後，排泄都很暢通。」

不過，就實在感覺來說，對他影響最大的，則是心情上的變化。

「癌症的早期發現、早期治療，固然是第一首要，但是還有比這更重要的，那就是建構一個不易致癌的體質。現在，我不斷的告訴自己，吃酸莖菌就是等於在造一個不易致癌的體質，這樣的結果，也讓我產生了前所未有的安心感。」

目前的S・H給人一種已將癌症的陰霾一掃而空的開朗印象。到底酸莖菌和癌症之間有什麼關連呢?這還需要搜集更多的調查數據，才能發表研究結果。而期待此一資料的，恐怕不只有S・H一人而已。

●充滿對酸莖菌威力的期待

「在日本的傳統食品中，對身體有好處的實在很多，我們可以將這代代相傳的食物，用在健康管理上。」

住在兵庫縣的K・K（女性・五十四歲）這麼說著：

的確，現在的食品，在健康的取向上，確實有反其道而行的現象，想找一個不含添加物的食品，都頗為困難，同時，與酵素這種有益身體的物質共存之發酵食品，也愈來愈少見了。不只是K・K而已，很多的日本人都認為，日本傳統食物有重新重視的必要。

有一次，K・K在看電視時，獲知了干擾素和食品的關係。

「電視是說在酸莖醃菜裡，含有一種叫酸莖菌的物質，它可使體內的干擾素活性化，在聽了主持人的說明後，我很快就買來了。」

K・K在一年前的一次健康檢查中，被診斷出得了C型肝炎，她聽醫生說，如果症狀還算輕微的話，飲食療法也有效果，所以她很快的就到附近的百貨公司買了酸莖菌回家，準備食用。

「它的味道實在是不怎麼好，但是我仍然以吃藥的心情，努力的把它吃下去。現在，酸莖泡菜和蜆味噌湯，是我飯桌上餐餐必備的食物。」

然而，在實際執行了飲食療法後，想要每天餐餐都有酸莖吃，也是很辛苦的事。

「像酸莖，我又不可能買一年份回家放，再加上每天都吃同樣的蜆味噌湯，很快就膩了。就在我為了想另外找個輕鬆又有效的食品大傷腦筋時，剛好看到有關酸莖菌的報導。」

K・K也很快的買來，並且開始服用。當然，肝功能的檢查是不能停止的。據她表示，有一段時期，數值一直停在不好也不壞的狀態下。

「醫生說我的病可能會拖上很長的時間，我聽了之後，心情非常沮喪。」

雖然在開始吃酸莖菌時，並沒有抱太大的期望，只是想每天吃四顆，吃一段時期看看，就這樣三個月過去了，肝功能檢查的日子又到了，這次的結果怎樣呢？

「我嚇了一大跳，幾乎所有的數值都接近正常值。在那段期間，我雖然也如往常一般進行健康管理，像是在用餐後，暫時躺下，給身體休息的機會等等，可是，也沒有下降這麼多。所以，我想這一定是拜酸莖菌所賜。」

她的變化，讓主治醫師跌破了眼鏡，不過在K・K告知酸莖菌的事後，他才恍然大悟。

現在，K・K的治療終於結束了，只剩下每三個月一次的肝功能檢查而已。

「我的肝臟已經沒有問題了，但是，我還是繼續的吃酸莖菌，因為聽說它可提高免疫力，有健康管理上的意義，而且，說不定肝炎隨時也會有復發的可能。有時我還真後悔那麼晚才接觸到酸莖菌，不然，我早就可以不必再忍耐的吃酸莖的泡菜了。」

從K・K開朗的笑語中，可以看出，她已成為一個健康、快樂的女性了。

●不再懼怕更年期障礙

中年女性在身體上都有一個共同的煩惱，雖然是命中註定的，但是一旦發生時，仍然讓人不知所措，那就是更年期障礙。

住在靜岡縣的O・Y（女性・四十九歲）也是受此煩惱折磨的女人之一。症狀的發生，是在她過了四十五歲的生日之後開始的。她說她以前是從不生病的，現在眼見自己的體況正逐漸下降，那種痛苦，不難理解。

「我對外子和周遭的朋友訴說，得到的答案都是『到了這種年紀，也是沒有辦法的事』，我想，難道這只能靠時間來解決嗎？」

就這樣，O•Y的症狀一天比一天嚴重。

「早上睡醒時，從脖子到肩膀的肌肉痛得不能再痛，連起床都很難受。另外，也為了從前沒有的頭痛，而大傷腦筋，從剛開始的三天痛一次，到現在的二天，讓我難過得連家事都懶得去做。」

雖然O•Y的狀況如此，但她仍持續著五年前就開始的老人看護工作。

「只要想到有個老人，正等著我的照顧，我就覺得只要體力還可以，就絕不中止。同時，我也害怕，如果一旦停止了工作，失去了支撐的力量，就會渾身無力，再也起不來了……。」

O•Y可說是一個相當固執的人，然而更年期障礙再加上看護老人的工作，畢竟已非其體力所能負擔得了，所以，半年後，她的肩膀酸痛又更加惡化到連手臂都抬不起來了。她雖然看過多家診所，但得到的答案一律都是——更年期障礙，除了以荷爾蒙治療之外，別無他法。

「但有的醫生勸我，儘量避免以荷爾蒙治療較好，所以，我才沒有接受醫治。」

一旦痛得很厲害時，她就以按摩的方式治療，但仍無法消除她的疼痛，直到有一次看了雜誌的報導，才有了和酸莖菌的際會。她想：既然是沒有副作用的健康食品，自然可幫助恢復健康，試試也無妨，於是O・Y便去購買，開始吃起酸莖菌了。

「在吃了一個月左右，開始出現效果。從前起床後，從脖子、左肩到左手中指，都十分僵硬，連稍稍動一下手指頭都讓我疼痛難當，但是現在疼痛減緩許多，身體也比以前輕鬆、舒適。」

O・Y表示，她對健康食品一向沒什麼興趣，對它所產生的效果，也是抱著懷疑的態度，但是這次卻出人意料的，帶給她一個全新的體驗。

「我真的感覺得到吃酸莖菌之前和之後，那種明顯的差別。雖然目前仍然有很多的病是吃藥也無法改善的，像更年期障礙就是一個典型的例子。但是，只要不輕言放棄，一定可以找出適合自己、減輕症狀的方法。我就認為，酸莖菌和我搭配得恰到好處。」

O・Y說，現在家事和看護工作，讓她每天忙得「不亦樂乎」。

「能忙碌的工作，是身體健康的最好證明。真希望能夠永遠保持現在的狀況，繼續的努力下去。因此，我一定要比從前更加用心於健康管理上才對。」

看著眼前意願十足、充滿幹勁的O・Y，不知道她下次又會發現怎樣的健康法。

後記

對申請專利中的酸莖菌由衷的期待

●岸田綱太郎博士採訪記錄

——您對路易・巴斯德好像有種特別的崇拜。

岸田　是的，我大概在十五、六歲左右，曾看過他的傳記電影「科學家之路」，並且從那裡體驗到前所未有的感動。

我本身之所以會研究微生物，也是在知道他的生活之後決定的，他對我後來的影響，不可謂不大。至今，我仍自認自己為巴斯德的信徒。

——我們一般都只知道巴斯德是狂犬病治療法的發明者……。

岸田　在日本，大衆的認知的確僅限於此。然而，在法國就不同了。如果要法國人舉出國內的偉大人物，他們第一個說的一定不是拿破崙或維多・雨果，而是巴斯德的名字，由此可見他的評價有多高了。

動物和人類的傳染病，多因微生物而起的理論，叫做微生物理論，此提倡者就是巴斯德。另外，像醫療現場的滅菌法、外科無菌處理、消毒法，都是由他發明的。

在大衆都對細菌毫無所知的當時，當然也就沒有所謂消毒醫療器具的觀念，結果，很多

京都巴斯德研究所所長岸田綱太郎博士

的患者在醫院續發了感染症，像五個產婦中，就會有一人可能在生產後，因產褥熱而死亡。

因此，巴斯德的消毒法，拯救了許多在科學無知下的受害者。

另外，他還發現了乳酸菌和葡萄酒、啤酒的發酵及腐敗，都是因微生物的作用所引起的，這種說法，後來成為微生物病原論的基礎。

然而，由於當時人們思想守舊，認為病是由自身所起，相信所謂病症自然發生說，因此對於巴斯德的理論，都視為是一種謬論。可見，當時的巴斯德在偏見和無知的攻擊下，處境有多艱難。

在這種逆境下，他逐一的以實際例證試圖去說服那些偏執的醫學者。而他也在為養蠶、牛、羊的業者，解決傳染病的問題時發明了血清。

結果，他藉此完成了狂犬病的血清治療法。日後，諸如黑死病、霍亂、白喉等感染症，都是依此原理，為不幸患病者撿回了生命。換句話說，如果沒有血清的發明，人類在感染症的治療上，不知道還要繞多遠的圈子。

巴斯德在研究狂犬病血清時，發現人體內有種可抑制感染的作用，雖然他沒有辦法明確的說出是何種機制，但這仍是干擾素研究的濫觴。

我想，我們可以說，巴斯德的一生都奉獻在搶救瀕臨死亡威脅的人身上。他曾經留下了這樣的話：

『我不會問你是那一個人，信奉什麽宗教，只要讓我知道你正受到病痛的煎熬，這就夠了。為了消除你的痛苦，我會全力以赴。』

從這句話，我們就可看出他的信念。

——那京都巴斯德研究所設立目的，是為了承傳他的理念和精神

岸田　是的。巴黎的巴斯德研究所是在一八八八年設立。在巴斯德所長的帶領下，聚集了世界各地的優秀人員，像是發現巨噬細胞的梅契尼柯夫，就是他的得意門生。此外，在他的學生中，還有八人曾得到過諾貝爾獎。該巴斯得研究所，可說是執世界免疫學、微生物之牛耳。

其後，很多國家也都相繼設立了巴斯德研究所，京都巴斯德研究所，就是在一九八六年

設立的。

所有巴斯德研究所的成員，莫不為了對人類貢獻出巴斯德的萬分之一的力量而努力不懈。

——可否具體的說明研究的內容

岸田　研究的內容主要是以干擾素和胞質分裂素為主。所謂的胞質分裂素，就是能和干擾素一起活化免疫系統，有抑制腫瘍細胞的功能，這包括了細胞成長因子和腫瘍壞死因子在內。

目前，我們還進行了這些物質的基礎研究，探究它們應用在癌症治療和診斷上的可能性。除此之外，還有癌細胞、肝炎病毒以及愛滋病的研究。

——聽說在研究所中還附設了巴斯德診療所

岸田　是的。我想研究的成果，必須能應用在臨床上才有意義，而我也認為，實際的拯救更多人的性命，比在科學史上留名，更來得重要。

——能不能針對干擾素的研究內容，稍做說明。

岸田　我一直覺得，干擾素應該被運用在預防醫學的範疇中，因為干擾素的製造能力，也就是生產能力十分重要。有了這種能力，才能做出預防癌症或濾過性病毒的妥善計劃。

例如，一種發現腫瘍的方法就是腫瘍標記，意思是只要調查出干擾素生產能力的變化，就可及早發現腫瘍。假設其生產能力大幅滑落，即表示體內很有可能已出現了腫瘍，雖然無法單從數據的變化上，推測出腫瘍的部位，但是，只要知道有腫瘍的存在，想找出所在位置並非難事。

——聽說干擾素應用在精神醫學上的效果，十分令人期待。

岸田　從最近的研究結果中發現，干擾素確實和神經細胞有關。像芬蘭等國，都有向精神分裂病患投以干擾素的實際例子。

而從投藥的結果可以看出，病況的確有好轉的現象。但是，一旦停止用藥，症狀即馬上復發，因此，只能說還是在研究階段。

——也許這樣的說法有些武斷，但，干擾素是像荷爾蒙一般的物質嗎？

岸田　是的。因為它並不同於維他命類，需要從食物中獲取，它在體內就可造成了，所以也可說是和荷爾蒙相似。只不過，像是腦下垂體等荷爾蒙，其製造部位固定，同時也只對某一部份起作用。

干擾素就並非如此，他雖負有製造中心細胞的任務，但是任何部份的細胞都可製造，且作用的部位也不固定，任何地方都是它保護的目標。

——酸莖菌是否真能提高干擾素的生產能力呢？

岸田　是的。但是因為發現的日子還短，很多詳細的數據，仍需留待日後繼續收集。然而，從目前的實驗結果得知，酸莖菌的確有提高干擾素生產的能力。

——到底酸莖菌為何有此作用？

岸田 這也是仍待日後解明的課題。所謂的酸莖菌，它是一種乳酸菌。但是，到底它是對和腸有關的免疫系統起作用，而改善腸的功能，亦或是，在腸裡分泌物質而引起作用，現在還未解開謎底。

——你們是在長期研究干擾素中，才有了和酸莖菌的際會嗎？

岸田 我們本來進行的是癌症的化學療法，後來才改做干擾素的研究。

干擾素的效果確實令人期待，但是它的使用方法也非全然安全無虞，像副作用就是一例。我們認為既然干擾素是由體內製造，那麼靠天然物質來提高它的生產能力，不是更自然嗎？

盧梭不也有『回歸自然』這樣的說法。

『人類自以為是的認為光靠智慧就可獲得健康，這真是錯誤的想法。如果漠視了自然，健康根本無從而生』。

所以，我一向崇尚自然，奉自然為生活的圭臬。

——酸莖菌是從「酸莖」中分離出來，難道沒有任何副作用嗎？

岸田　沒有。有的人在持續吃了一段時間後，臉會有發燙的現象，這可能是因為血紅素增加，血液循環改善的緣故。

前天，還有一位美國的研究者問了「酸莖菌能使人的頭腦變好嗎？」的問題，我想，我們也會在日後研究。

——它與其它乳酸菌的差別也是今後研究的主題嗎？

岸田　這恐怕有困難。因為，首先它有個體上的差異，數量也是一個問題。因此多少量對人體最有效，完全端視菌的種類而異，想要比較恐怕很難。

——那麼，今後的研究主題為何？

岸田　今後的重點將放在解明酸莖菌能提高干擾素的生產機制，以及研究死菌和生菌對生產能力的向上度有何不同？同時也要調查酸莖菌究竟是固定棲息在腸內，或是在某段期間就會消失不見等等問題上。

——目前，對人類產生威脅的，癌症固然是其中之最。但是，現在又出現了愛滋的絕症。既然我們可以期待干擾素對愛滋的效果，那麼對酸莖菌是否也能同樣期待呢？

岸田 就干擾素而言，根據從試管中的實驗證明，它對愛滋確實有效，但問題是，愛滋患者本身的白血球就少，如果再投以干擾素，只怕會使它更為稀少，因此，為了安全起見，一般還是很少使用。

雖然，曾以干擾素喉錠驗證過其對愛滋的效果，我想這應該是靠經口投藥後引發出的下次反應，或者是干擾素引起了身體防禦系統的動機……。

我認為，酸莖菌也充分具備了相同的引起動機的效果。

[作者簡介]

上田明彥

1950年於橫濱出生。上智大學文學系肄業，曾在出版社編輯部服務，而後成為自由作家。從電台的專欄作者開始，先後在週刊、月刊等媒體，主寫政治、新聞事件和人物的報導。同時，也負責作品的編輯，擔任單行本的主編。

NOTE

NOTE

NOTE

NOTE

國家圖書館出版品預行編目資料

酸莖菌驚人療效 / 上田明彥著；沈永嘉譯
——二版——臺北市，大展，民 86
面；　　公分——（元氣系列；24)
譯自：免疫力を高める驚異のラブレ菌
ISBN：978-957-557-668-4（平裝）
1. 乳酸菌　2. 健康法
369.417　　86000058

元氣系列 24

酸莖菌驚人療效

原著者｜上田明彥
編譯者｜沈 永 嘉
發行人｜蔡 森 明
出版者｜大展出版社有限公司
社　址｜台北市北投區致遠一路二段 12 巷 1 號
電　話｜(02)28236031 · 28236033
傳　真｜(02)28272069
網　址｜www.dah-jaan.com.tw
email｜service@dah-jaan.com.tw
郵　撥｜01669551
登記證｜局版臺業字第 2171 號
承印者｜傳興印刷有限公司
裝　訂｜佳昇興業有限公司
排版者｜千兵企業有限公司
初　版｜1997 年（民 86）2 月
二版2刷｜2021 年（民 110）3 月
定　價｜220 元

大展好書　好書大展
品嘗好書　冠群可期

大展好書　好書大展
品嘗好書　冠群可期